日本音響学会 編

音響入門シリーズ A-2

# 音 の 物 理

工学博士 東山三樹夫 著

コロナ社

## 音響入門シリーズ編集委員会

**編集委員長**

鈴木　陽一（東北大学）

**編 集 委 員** (五十音順)

今井　章久（武蔵工業大学）　　岩宮　眞一郎（九州大学）
大賀　寿郎（芝浦工業大学）　　城戸　健一（東北大学名誉教授）
誉田　雅彰（早稲田大学）　　　三井田　惇郎（千葉工業大学）
宮坂　榮一（武蔵工業大学）　　矢野　博夫（千葉工業大学）

(2008 年 2 月現在)

# 刊行のことば

　われわれは，さまざまな「音」に囲まれて生活している。音楽のように生活を豊かにしてくれる音もあれば，騒音のように生活を脅かす音もある。音を科学する「音響学」も，多彩な音を対象としており，学際的な分野として発展してきた。人間の話す声，機械が出す音，スピーカから出される音，超音波のように聞こえない音も音響学が対象とする音である。これらの音を録音する，伝達する，記録する装置や方式も，音響学と深くかかわっている。そのために，「音響学」は多くの人に興味をもたれながらも，「しきいの高い」分野であるとの印象をもたれてきたのではないだろうか。確かに，初心者にとって，音響学を系統的に学習しようとすることは難しいであろう。

　そこで，日本音響学会では，音響学の向上および普及に寄与するために，高校卒業者・大学1年生に理解できると同時に，社会人にとっても有用な「音響入門シリーズ」を出版することになった。本シリーズでは，初心者にも読めるように想定されているが，音響以外の専門家で，新たに音響を自分の専門分野に取り入れたいと考えている研究者や技術者も読者対象としている。

　音響学は学際的分野として発展を続けているが，音の物理的な側面の正しい理解が不可欠である。そして，その音が人間にどのような影響を与えるかも把握しておく必要がある。また，実際に音の研究を行うためには，音をどのように計測して，制御するのかを知っておく必要もある。そのための背景としての各種の理論，ツールにも精通しておく必要がある。とりわけ，コンピュータは，音響学の研究に不可欠な存在であり，大きな潜在性を秘めているツールである。

　このように音響学を学習するためには，「音」に対する多角的な理解が必要である。本シリーズでは，初心者にも「音」をいろいろな角度から正しく理解

していただくために，いろいろな切り口からの「音」に対するアプローチを試みた。本シリーズでは，音響学にかかわる分野・事象解説的なものとして，「音響学入門」，「音の物理」，「音と人間」，「音と生活」，「音声・音楽とコンピュータ」，「楽器の音」の6巻，音響学的な方法にかかわるものとして「ディジタルフーリエ解析（I）基礎編，（II）上級編」，「電気の回路と音の回路」，「音の測定と分析」，「音の体験学習」の5巻（計11巻）を継続して刊行する予定である。各巻とも，音響学の第一線で活躍する研究者の協力を得て，基礎的かつ実践的な内容を盛り込んだ。

本シリーズでは，各種の音響現象を視覚・聴覚で体験できるコンテンツを収めたCD-ROMを全巻に付けてある。また，読者が自己学習できるように，興味を持続させ学習の達成度が把握できるように，コラム（歴史や人物の紹介），例題，課題，問題を適宜掲載するようにした。とりわけ，コンピュータ技術を駆使した視聴覚に訴える各種のデモンストレーション，自習教材は他書に類をみないものとなっている。執筆者の長年の教育研究経験に基づいて制作されたものも数多く含まれている。ぜひとも，本シリーズを有効に活用し，「音響学」に対して系統的に学習，理解していただきたいと願っている。

音響入門シリーズに飽きたらず，さらに音響学の最先端の動向に興味をもたれたら，日本音響学会に入会することをお勧めする。毎月発行する日本音響学会誌は，貴重な情報源となるであろう。学会が開催する春秋の研究発表会，分野別の研究会に参加されることもお勧めである。まずは，日本音響学会のホームページ（http://www.asj.gr.jp/）をご覧になっていただきたい。

2013年2月

　　　　　　　　　　一般社団法人　日本音響学会 音響入門シリーズ編集委員会
　　　　　　　　　　　　　　　　　　　　　　　　　　　　編集委員長

# まえがき

　本書は音に関する科学を取り扱う音響学の入門書である。したがって本書では主として音・振動・音波の初歩的な物理的性質が解き明かされる。

　音に関する科学は今日では音響学と呼ばれる。人が音を聴いて音が波であると意識することは，日常生活ではあまり多くはないことであるかもしれない。けれども人はこれまで長い時間をかけて，かつ，多くの先人の努力によって，音が物理学に属する波動現象であることを解き明かしてきた。したがって音響学の入門は音を物理的な視点から波として考察することである。

　これまでの長い歴史を振り返るまでもなく，音を波として物理的な視点から観察して学ぶことは決して容易な事柄ではない。物理学を学ぶことは自然界の法則がどのような考察から作られたかを理解し，その法則がどのように数学の概念に基づいて定式化されたかを学び取り，そしてその事実から真理とは何かを考えることであろう。それゆえ物理学の初歩といえども学ぶことは難しい。

　しかし音に関する初歩の物理は近代物理学の基礎にも通じる学習課程としてよい題材であろう。音・音響学・音楽にはすでにピタゴラスの時代以来長い学問そして文化の歴史が培われている。空気中を伝わる音波を目で見ることはできないが，水中を伝わる波は見たり，体で感じたりすることができる。したがって音が波であることは現代ではすでに受け入れやすいイメージであるかとも思われる。

　本書は音の基礎物理を初歩的と思われる数学と物理学の範囲で読者に紹介する試みである。したがって読者がどこかで学習されているかと思われる基本的で初歩的な数学・物理学に関する事柄については，ある程度想像がつくものとして本書の論旨は進められている。そこで本書では波の現象を数式を用いて理論的に解き明かす道筋をたどる代わりに，基本的な運動法則とエネルギーの保存原理に基づいて直観的に理解されるような記述が心がけられている。したがっ

て記述には微・積分方程式あるいは複素数のような，読者に親しみが薄いと思われる数式表現は可能な限り避けられている．本書を読まれた読者には波・波動の仕組みを定性的に理解することによって，さらに進んで学習したい気持ちを強く抱かれることを著者は期待している．すなわち本書はどのような考えに基づいて音の法則が発見され，さらにそれらの法則が理論として整備された過程を考え，そして音とは何かを本当に理解したい読者にその最初の一歩，いや一粒のヒントを提供しようとするものである．さらなる学習に向かう読者が少なからず興味を抱くであろうと思われる図書・文献のいくつかは本書の巻末に示されている．

波の物理学は自然科学に属している．また本書が記述する音の物理も広い範囲にわたるものである．加えて音を表す波動現象は人間の音の知覚に深く関わるものでもある．聴知覚は精神物理学に関連するもう一つの物理学である．仮に (自然) 物理学を人間を取り巻く外的世界に関する物理学とするなら，精神物理学は人間の内的世界に関わる物理学と考えることもできるであろう．したがって本書で記述する音の物理は主として人間の外的世界における物理現象を取り上げるものであるけれども，物理的および心理的両面から論じられる事象も一部には含まれている．

本書に掲載する多くの図面の作成にあたっては原佳史君 (工学院大学大学院) に多大な協力を頂いた．厚く感謝する次第である．同時に藤原舞さん (ヤマハ株式会社) には執筆段階の原稿を数回にわたって精読して，専門書を読むための入門書としての視点から貴重なご意見をいただいた．ここに厚くお礼申し上げる．また石原寧人君，長谷川知美さん (早稲田大学基幹理工学部)，佐藤民恵さん (早稲田大学商学部) には，教科書としての視点から貴重な意見と提案をいただいた．改めて感謝申し上げる．そして日頃より筆者とともに研究活動と音楽を愛好する松本光雄，貴重な討論を頂いた平田能睦の両氏 (いずれも SV research asscociates) に厚く感謝の意を表する．最後に本書を著述するにあたっては巻末に示すとおり多くの先人による文献を引用参照させていただいた．先人著者の皆様に心よりお礼申し上げる．

2010 年 1 月

東山三樹夫

# 目　　　次

## 1. 本書の概要

## 2. 振動とその周期

2.1　運動の法則とばねの自由振動 ……………………………………… 14
　2.1.1　ばねと質量の振動系 ……………………………………………… 14
　2.1.2　自　由　振　動 …………………………………………………… 16
2.2　自由振動のエネルギーと固有振動数 ………………………………… 17
　2.2.1　位置エネルギーと運動エネルギー ……………………………… 17
　2.2.2　エネルギー保存則と自由振動の角振動数 ……………………… 19
2.3　減衰する自由振動 ……………………………………………………… 20
　2.3.1　減衰振動の表現 …………………………………………………… 20
　2.3.2　減衰振動の振動数 ………………………………………………… 21
2.4　共鳴現象とエネルギー平衡の原理 …………………………………… 22
　2.4.1　持続する外力による振動 ………………………………………… 22
　2.4.2　共　鳴　現　象 …………………………………………………… 24
　2.4.3　エネルギー平衡の原理 …………………………………………… 26
2.5　連　成　振　動 ………………………………………………………… 26
　2.5.1　振り子の振動 ……………………………………………………… 27
　2.5.2　結合振子の固有振動数 …………………………………………… 28
　2.5.3　結合の強さによる振動の変化 …………………………………… 28

2.5.4 うなり ································································· 30
2.5.5 防振・耐震と共鳴現象 ··········································· 31

## 3. 共鳴器と気体の性質

3.1 共　　鳴　　器 ······························································· 33
　3.1.1 体　積　弾　性　率 ··············································· 33
　3.1.2 共鳴器の固有振動数 ··········································· 34
　3.1.3 スピーカとスピーカ箱による共鳴器 ······················· 36
3.2 気　体　の　法　則 ······················································· 39
　3.2.1 気体の圧力と体積 ··············································· 39
　3.2.2 熱　量　と　比　熱 ··············································· 41
　3.2.3 断熱変化における体積と温度 ································ 42
　3.2.4 体　積　弾　性　率 ··············································· 43

## 4. 音の速さと波が伝わる仕組み

4.1 ばねの連鎖と振動の伝搬 ············································ 45
　4.1.1 ばね振動とエネルギーの伝搬 ································ 45
　4.1.2 振動が伝わる速さ ··············································· 48
　4.1.3 波動方程式とその解 ············································ 49
4.2 音・振動の伝搬に伴うエネルギーと音の速さ ················ 52
　4.2.1 音　の　速　さ ····················································· 55
　4.2.2 弦を伝わる波の速さ ············································ 57
4.3 波源と平面波の伝搬 ··················································· 58
　4.3.1 平面波の音圧と振動速度 ······································ 58
　4.3.2 音の大きさと音圧レベル ······································ 64
　4.3.3 平面波を伝えるエネルギー ··································· 65

             目   次  vii

  4.3.4 速度駆動音源と平面波の伝搬 ………………………………… 66
4.4 波の速さと音の放射 ……………………………………………… 66
  4.4.1 振動体からの音の放射 ……………………………………… 67
  4.4.2 移動音源による音の放射と衝撃波 ………………………… 69

## 5. 弦を伝わる振動と波

5.1 長い弦を伝わる波 ………………………………………………… 72
  5.1.1 初期変位が伝わる波 ………………………………………… 72
  5.1.2 初期速度が伝わる波 ………………………………………… 73
  5.1.3 初期条件と波の伝搬 ………………………………………… 74
5.2 有限な長さをもつ弦を伝わる波 ………………………………… 76
  5.2.1 一端が固定された弦と反射波 ……………………………… 76
  5.2.2 両端固定弦の振動 …………………………………………… 78
  5.2.3 波 の 図 解 ………………………………………………… 79
5.3 弦の自由振動 ……………………………………………………… 81
  5.3.1 弦 の 発 音 条 件 ………………………………………… 81
  5.3.2 基本周期と倍音 ……………………………………………… 82
  5.3.3 自由振動を構成する波の形と固有振動 …………………… 83
  5.3.4 固有振動の重ね合せと倍音の抑制 ………………………… 86
5.4 音律を構成する倍音列 …………………………………………… 87
  5.4.1 オクターブの計算 …………………………………………… 87
  5.4.2 ピタゴラス音律の構成 ……………………………………… 88

## 6. 音響管を伝わる波動現象

6.1 管内を往復する平面波 …………………………………………… 91
  6.1.1 管内を進む波 ………………………………………………… 91

6.1.2　音響管の基本振動数と倍音 ……………………………… 92
　　6.1.3　音響管内の固有振動姿態 ………………………………… 95
　　6.1.4　固有振動姿態の音圧と振動速度 ………………………… 97
6.2　駆動音源とその働き ……………………………………………… 98
　　6.2.1　音の発振現象 (ハウリング) ……………………………… 98
　　6.2.2　エッジトーン ……………………………………………… 99
　　6.2.3　音響管の駆動方式 ………………………………………… 102
6.3　音響管から放射される音のエネルギー ………………………… 104
　　6.3.1　開口端の音響条件 ………………………………………… 104
　　6.3.2　開 口 端 補 正 ……………………………………………… 105
6.4　円 錐 形 音 響 管 …………………………………………………… 106
　　6.4.1　円錐形音響管の固有振動数 ……………………………… 106

# 7.　平面波の伝搬

7.1　平面波の入射と反射 ……………………………………………… 108
　　7.1.1　ホイヘンスの原理と平面波の反射 ……………………… 109
　　7.1.2　最小作用の原理と反射の法則 …………………………… 110
　　7.1.3　境界条件と反射係数 ……………………………………… 110
7.2　平面波の透過と屈折 ……………………………………………… 113
　　7.2.1　入射角と透過角 …………………………………………… 113
　　7.2.2　屈折とスネルの法則 ……………………………………… 115
　　7.2.3　屈折現象に関する最小作用の原理 ……………………… 115
　　7.2.4　音波の屈折と音の聞こえ方 ……………………………… 116
7.3　波 の 干 渉 ………………………………………………………… 117
　　7.3.1　同一振動数を有する波の加算 …………………………… 117
　　7.3.2　逆向き平面進行波の重畳 ………………………………… 119
　　7.3.3　波の干渉によって生じる音圧分布 (干渉縞) …………… 120

7.3.4 バスレフ形スピーカシステムによる音の干渉 ………………… *122*
7.3.5 反射音による音の干渉 ……………………………………… *126*
7.3.6 平面波の不規則重畳 ………………………………………… *128*

## 8. 球面波の伝搬

8.1 球面波による音圧と振動速度 …………………………………… *131*
 8.1.1 呼吸球と対称球面波 ……………………………………… *132*
 8.1.2 点音源による音圧と振動速度 …………………………… *133*
 8.1.3 媒質の非圧縮性効果 ……………………………………… *136*
8.2 音源の音響出力 …………………………………………………… *138*
 8.2.1 点音源の強さと球面波のエネルギー …………………… *138*
 8.2.2 点音源の音響出力 ………………………………………… *139*
 8.2.3 反射壁による音源の音響出力の変化 …………………… *141*
 8.2.4 位相差をもって振動する一組の音源対による音響出力 … *143*
8.3 初期変位と球面波の伝搬 ………………………………………… *144*
 8.3.1 初期条件と球面波の伝搬 ………………………………… *144*
 8.3.2 前方波面と後方波面 ……………………………………… *148*
8.4 音波の回折と散乱 ………………………………………………… *149*
 8.4.1 フレネルゾーン …………………………………………… *149*
 8.4.2 フレネルゾーンと回折現象 ……………………………… *151*
 8.4.3 音波の散乱 ………………………………………………… *154*

## 9. 室内を伝わる音

9.1 室内を伝わる音のエネルギー …………………………………… *156*
 9.1.1 室内音場におけるエネルギー平衡 ……………………… *156*
 9.1.2 定常状態における室内の音のエネルギー ……………… *157*

9.1.3　音源が停止した後の音のエネルギー変化 …………………… *158*
9.2　室内の固有振動数 …………………………………………………… *160*
　　9.2.1　固有振動数の表現 …………………………………………… *160*
　　9.2.2　固有振動数の分布 …………………………………………… *161*
　　9.2.3　固有振動の縮退 ……………………………………………… *162*
　　9.2.4　固有振動数と固有振動姿態 ………………………………… *163*
　　9.2.5　固有振動数の数と密度 ……………………………………… *165*
9.3　エネルギー伝達特性 ………………………………………………… *167*
　　9.3.1　音源音響出力の振動数による変化 ………………………… *167*
　　9.3.2　室内残響時間と共鳴特性 …………………………………… *169*
　　9.3.3　固有振動の密度とエネルギー伝達特性 …………………… *170*
9.4　室内音場の直接音と反射音 ………………………………………… *172*
　　9.4.1　音源から発するインパルス音 ……………………………… *172*
　　9.4.2　室内音場における反射音の数とエネルギー ……………… *173*
　　9.4.3　直接音が室内における音のエネルギーに占める割合 …… *177*
　　9.4.4　反射音の図解と音のカオス ………………………………… *178*

付　　　　録 ……………………………………………………………… *182*
引用・参考文献 …………………………………………………………… *184*
結び：共鳴現象をめぐって ……………………………………………… *188*
索　　　　引 ……………………………………………………………… *190*

## 付録の CD-ROM について

　この CD-ROM を閲覧するには Microsoft Windows もしくは Macintosh OS フォーマットを読み込み可能な CD-ROM 装置が必要です。

　CD-ROM に収録したすべてのコンテンツの著作権は日本音響学会，著者に帰属し，著作権法により保護され，この利用は個人の範囲に限られます。また，ネットワークへのアップロードや他人への譲渡，販売，コピー，データの改変などを行うことは一切禁じます。

　CD-ROM に収録したデータなどを使った結果に対して，コロナ社，製作者は一切の責任を負いません。また付録 CD-ROM に収録のデータの使い方に対する問合せには，コロナ社は対応しません。

## 付録の CD-ROM の内容

**Movie1** 結合の弱い結合振子の振動 (図 2.9 に対応)
　　ばねに結合した二つの質量 A と B の振動。A から B，あるいは B から A に振動のエネルギーが往復する様子を見ることができる。どちらか一方に限らず互いに他方を振動させる振動源としての役割を交互に演じている。

**Movie2** 結合の強い結合振子の振動 (図 2.10 に対応)
　　ばねに結合した二つの質量 A と B の間に振動の往来を見ることができない。大きな振動の変化は A，B ともに共通。しかし小さな振動の変化を見れば，A と B では互いに逆向き (逆位相) の振動が見える。

**Movie3** 弦の振動を起こす初期変位と波の伝搬 (図 5.1 に対応)
　　弦の一部に生じた初期変位が半分ずつ左右に伝搬する様子が見られる。

**Movie4** 初期変位が与えられた両端固定弦の自由振動 (図 5.6 に対応)

長さの有限な弦上を伝わる初期変位。両端に達した波が反射波となって戻ることによって，周期的に繰り返す波が作られる。

**Movie5** 開音響管を伝わる音のイメージ (図 6.1(b) に対応)

左端から吹き込まれた圧縮波が右開口端から膨張波として戻ってくる時に合わせて，左側から圧縮波を吹き込むと第 2 倍音を起こすことができる。管の中央では圧縮波と膨張波が重なって波が消える節となる。

**Movie6** 大きさの異なる進行波の重畳 (図 7.11 に対応)

二つの大きさの等しい逆向き進行波が重なってできる定在波。しかし進行波の大きさに差があると，波は小さい大きさの進行波が到来する方向へ流れていく。定在波を構成する二つの進行波の大きさに差が生じて，進行波ができる様子が見られる。

# 1 本書の概要

　本書の概要を要約してここに紹介することにしよう。音は媒質・媒体の振動現象である。ばねと質量から構成される単振動は振動に関わる基本的な事柄を考えるよい例題である。はじめに2章において読者が出会う音・振動に関する法則は，ばねの伸び(あるいは縮み)に比例して伸び(あるいは縮み)と逆向きの方向に生じる復元力を表す，今日ではフックの法則と呼ばれるものである。このフックの法則と運動の加速度と力に関わるニュートンの運動法則を組み合わせることによって，ばねと質量の自由振動が正弦波で表されることになる。直角三角形の辺の長さの比(三角比)として定義された概念が関数に拡張されて，さらに振動がその三角比に関わる正弦波で表されることに読者は驚きを感じることであろう。同時に正弦波が音の物理において重要な役割を担うことを予感することでもあろう。本書には記述されていないこの正弦波振動が導出される理論的道筋を，読者には是非今後学習していただきたい。

　正弦振動の図形描写に続いて本章は振動に伴う位置と運動のエネルギーに言及する。物理学における基本法則であるエネルギー保存則に従えば，正弦波で表されるばねと質量の自由振動の振動数を示す固有振動数が導かれる。ばねの振動が振動の大きさにかかわらず質量とばねの強さによって決まる固有の周期をもっていることの発見に，読者はガリレオにも似た心の動きを感じるかとも思われる。

　しかしばねの自由振動を日頃経験する振動現象と比較して見るならば，振動はいつかは静止するという事実に読者は気づくであろう。本章では理想化された自由振動に続いて時間とともに振動が小さくなっていく減衰振動の図例が示

される．振動が往復運動を繰り返すたびに，ばねと外界 (ばねと質量を取り巻く環境) の間に生じる摩擦力によって振動のエネルギーの一部が熱に変換されることが振動が減衰する要因である．この摩擦力の大小によって振動が減衰する速さが変化する．また摩擦力が大きくなるにつれて振動の振動数も低下する．このことから読者は材料あるいは構造物を叩いて生じる音を聴いて，傷あるいは欠陥の有無を判断できる人がいることも想像できるかと思われる．また楽器に関心を抱く読者であれば，楽器の発生する音の高さには自ずと限りがあることから振動の減衰による振動数の変化を見いだすことになるかもしれない．

さて音響学，音響工学いずれにおいてもきわめて重要な共鳴現象について述べるときである．自由振動は減衰しいずれは停止する．振動を持続させるには振動を起こすに必要な力を振動体に供給しなければならないことに，読者は気づいているであろう．振動体をある一定の振動数をもつ外力で駆動し続ければ，大きな振動には至らずとも振動体は振動を持続する．そしてその振動数は振動体の固有振動数に関係なく外力の振動数に等しい．これは線形システムの基本原理とも呼ばれるものである．

しかし振動数以外の振動の性質は外力の振動数と固有振動の振動数との差に関わるものである．持続する振動の大きさは外力の振動数が振動体の固有振動数に近づくにつれて大きくなる．そしてそれはやがて固有振動数付近で最大値に達する．この持続振動の大きさが最大となった状態を共鳴あるいは共振といい，そのときの外力の振動数を共鳴 (共振) 振動数という．外力が共鳴振動数に近い振動数をもっていれば，たとえ外力の大きさがどんなに小さくても持続する振動の大きさが大きく成長することに，読者は共鳴現象の本質を見ることができるであろう．

外力によって持続する振動現象には振動の大きさに加えて振動の位相という概念が含まれている．振動の位相変化は大きさの変化と比較して理解が困難な事柄である．しかし外力と振動体の振動の間に見られる位相角の差も共鳴現象に関わる重要な変化である．外力の振動数が振動体の固有振動数より低い (あるいは高い) ところでは，外力と振動の変位 (あるいは加速度) が同位相となる

ことから，振動の位相関係は固有振動数を境に変化することとなる。

　本章の最後では二つの振動体が結合した連成振動を考察する。楽器に関心のある読者であればおそらくすでになじみのある事柄であるかと思われる「うなり」は連成振動の例を用いて理解することができる。また防振・耐震対策の第一歩は，本章で示すような連成振動の例を用いて考えることから始められる。

　音は音を伝える媒質の弾性的性質に基づいて発生するものである。そこで3章では弾性体という視点から気体の性質について考える。気体の基本的性質についてはおおむね読者は学習されているかと思われる。比熱ならびに体積弾性率で表される気体の性質から空気のような気体を伝わる音の速さ(音速)が決定される。

　今日ではヘルムホルツの共鳴器と呼ばれる振動系がある。おそらく読者の多くは瓶あるいは花瓶の開口部を静かに吹いたときに出る音を聞いたことがあるであろう。本章では瓶の中の空気がばね，開口部突起部分の空気がばねに繋がれた質量の役目を担うことによって構成されるヘルムホルツ共鳴器の振動を考察する。気体の弾性的性質が音を発生する要因であることをヘルムホルツ共鳴器の例からも読者は実感できるであろう。

　本章では最後に音響工学に関連した話題を取り上げる。オーディオ技術に関心がある読者には，オーディオ用スピーカを箱に取り付けたスピーカシステムを見たことがあるであろう。例えば200-300 Hz以下の低い音の振動数では，スピーカはヘルムホルツ共鳴器における質量の役目を果たし，その結果スピーカ箱内の空気をばねと考えることでスピーカシステムをヘルムホルツ共鳴器とみなすことができる。すなわちスピーカシステムも上記のような低い音の振動数では，2章で考察した単振動の機構に基づいてその振動を考察することができる。スピーカシステムを設計する基本原理は，まさに単振動の理論によっている。ここで2章で言及した振動の位相変化を考えてみよう。おそらく読者の中には本章に示す図例に驚きを感じる方々もいるのではと思われる。すなわちヘルムホルツ共鳴が生じる低い音の部分では，スピーカ箱内(スピーカ振動部分の背後)に生じる空気振動による圧力変化はスピーカの前面(箱外)に生じる

圧力変化と互いに同位相である。実測結果と運動法則に基づく振動の考察はこの事実を裏付けることとなる。

　ここまで述べてきたとおり単振動は音・振動を起こす基本的な概念である。しかし単振動の例では音と波の伝搬を論じることはできない。すなわち4章では単振動が多数繋がった連結単振動モデルを想定して，一部に生じたばねの伸び(あるいは縮み)がばねの連鎖を伝搬する様子を目に浮かべることから考察が始まる。その結果，振動系の運動エネルギーと位置エネルギーが相互に変換されながら振動がばねと質量の連鎖を伝搬するイメージに，読者はたどり着くこととなるかと思われる。

　エネルギーの相互変換とエネルギー保存則に従えば，2章で示された単振動の固有振動数に代わって音・振動がばねの連鎖を伝搬する速さが導かれる。この結果を音波に拡張して3章で考察した気体の性質から気体分子の運動速度が温度の上昇とともに増大することを思い出せば，空気中を伝わる音の速さが温度とともに上昇することも理解できるであろう。これらの考察から読者は基本的な波の伝わる姿である平面波という概念に到達することとなる。

　すでに2章で述べた振動を持続させる外力にならって正弦振動を持続伝搬する平面波を想定すれば，平面波はその大きさ，振動数を変えることなく空間を伝わる波となる。波の伝搬において振動によって生じる圧力変化と波が伝わる媒質中の微小部分に観測される振動速度の間に見られる振幅・位相の関係は重要である。媒質中の微小部分に生じる圧力変化(圧力の傾きあるいは圧力差)が波の生成源となることを，読者は見るであろう。

　音圧と振動速度の間に見られる関係からまた振動変位を導くこともできる。人間の聴覚が知覚する音の大きさには最小限界がある。そのような最小限界を与える音の大きさについてその振動変位を推定すれば，およそ $10^{-12}$ m 程度の大きさである。読者は聴知覚の高い感度に思いを新たにすることでもあろう。

　部屋を仕切るような壁を伝わる振動は周囲に音を放射する。壁面の振動から音が波となって周囲へ伝わる様子は，幾何学的な作図から想像できるところである。振動が音を周囲へ伝えるには，壁を振動が伝わる速さが周囲に波となっ

て音が伝わる速さより速くなければならない。すなわち空気中へ音を放射する壁面の振動は，空気中を伝わる音の速さより速い速さで壁を伝わる振動である。言い換えれば壁を振動が伝わる速さが空気中の音速より遅ければ，壁の振動が大きくなってもその振動から周囲には音が伝わりにくいということになる。このことから壁面の振動を全体として小さくしても周囲に伝わる音が小さくなるとは限らないことに，読者は気づくことになるであろう。振動から伝わる音を小さくするには，音を伝えやすい振動成分を選び出してその振動を小さくすることが必要である。

　壁面を伝わる振動の速さと空気中を伝わる音速の関係は，移動する音源の速さと空気中の音速の関係にも置き換えることができる。移動音源が音速より遅い速さで移動すれば，音源から発生される音は音源から離れて遠方には伝わりにくい。反対に水上を走る船が作る水波の波面を見れば想像できるとおり，音速より速い速さで移動する音源の後方へは遠方までに広がる波が作られる。すなわち音が伝わることになる。このことから読者は音速を超えたジェット機が発生する衝撃波を理解するとともに，移動する音源が発生する音の振動数変化を示すドップラ効果についても，音源が発生する波の作図を見ることによって理解が及ぶであろう。また上記の波の作図から音速を超えて移動する音源の前方に音が伝わることはなく，その結果音速を超えて過ぎ去っていく音源が発生する音のドップラ効果も，読者は想像できるであろう。

　楽器はおそらく音の物理において最も親しみ深い話題の一つであろう。以下に続く2つの章では弦楽器と管楽器の基本的な事項に関わる弦の振動と音響管内を伝わる音波を取り上げる。長さの決まった弦あるいは音響管内を伝わる1次元方向に進行する波は共鳴現象に基づいて調和的な振動を形成する。まず5章では弦を伝わる横波振動を考察する。

　弦を伝わる波は弦の張力と弦の線密度の比で決定される速さで伝わる。このことから読者は弦の一部に生じた初期変形が弦の左右に伝わる様子を想像することができる。初期変形の例には変位が与えられるハープのような変形と並んで速度が与えられるピアノのような変形がある。いずれにおいても初期変形は

左右に分かれて伝わることになる。ここで読者はおそらく不思議な思いにとらわれるであろう。波は過ぎ去った後には消え去るものである。しかしピアノ形のように初期速度を伴う初期変形が左右に伝わる波の伝搬では，波が通り過ぎた後にもある一定の初期変位が消されずに残ったままとなる。すなわち1次元方向に伝わる平面波のような波では，波が通過してなおその痕跡を残していくことになるのである。さらにまた初期変形の組合せによっては，初期変形が両側ではなく左右どちらか一方のみに伝搬する波も存在することになる。このような波から読者は水面を一方向に伝わる波を連想することもあろう。

さて長さの決まった弦の振動によって生じる調和的な音を考えよう。すでに2章の連成振動で言及したように一般の振動では固有振動数の数は一つに限られるものではない。確かに単振動ではその数は一つであった。しかし「うなり」の例を考察した連成振動では，その数は二つであった。長さの決まった弦の振動では固有振動数の数は無数に存在する。本章では遠くピタゴラスが考察したと伝えられる音の調和に関する実験考察に言及する。この考察から読者は，弦の周期振動があたかも振動の作図のように幾何学的手法によって解析できることを知ることになる。これは波形解析を学習したことがある読者から見れば，ある範囲において定められた波形(関数)を周期的に繰り返すことで範囲外に拡張して表すフーリエ級数の手法であることが読み取れるであろう。幾何学的手法によって導かれる周期振動から弦の自由振動が基音とその倍音から構成される調和振動となって，基音となる振動の周期が弦の長さと弦を伝わる振動の速さから決まることが明らかになる。

弦の調和振動の発見から今日ではピタゴラス音律と呼ばれる音楽に重要な音列が構成されるに至っている。読者はおそらくここに物理学，数学そして音楽の間の美しい融合の一例を見るであろう。同時にまた完全に調和性があると思われる音律を楽器上に構成することはきわめて困難であることも読者は気づくと思われる。バッハが作品に残した The well-tempered clavier のための曲集は，今日の equally-tempered (平均律)keyboard とはおそらく異なる音律を想定した作品であろう。

調和振動は固有振動数と並んで固有振動姿態という概念を定義する。固有振動姿態はそれぞれの固有振動数を有する振動，すなわち基音あるいは倍音それぞれの振動の形を図示する概念である。固有振動姿態を考えることによって個々の振動の形を思い浮かべることができる。例えば基音の振動は弦全体が同位相で振動する，すなわちどこでも振動の向きが同一である。しかし倍音となる振動を見れば，弦上には振動の周期全体にわたって静止している場所があることに気づく。そのような静止点を挟んでその両側の部分の振動は常に互いに逆向き (逆位相) である。その結果上記の静止点は弦を等分する点に位置することとなる。そして等分する分割の数が倍音の次数に対応する。すなわち 2 倍音は弦を二つに分割してその分割点 (1 個) が静止点となる。同様に 3 倍音は弦を三つに分割してその分割点 (2 個) が静止点である。これらの静止点は固有振動姿態の節と呼ばれている。

　固有振動姿態はまた定在波とも呼ばれている。読者は定在波と進行波の二つの名称を読み比べて見れば，自ずとそれらの波の相違を想像できるであろう。定在波は二つの互いに逆向きに進む進行波の組に分解することができる。すなわち互いに逆向きに進行する二つの波を合成することによって空間に留まった波すなわち定在波が作られる。

　ここで 5 章の最後に読者はおそらく本書の範囲では答えるに難しい問い，すなわち「幾何学的作図手法によって求められた振動と固有振動の概念から作られる振動の形は果たして一致するであろうか?」を抱くであろう。本書は答えは「yes」であると示唆するに止められている。読者は参考文献資料をヒントにその問いに対する理論的答えをいずれ見いだすことができるであろう。

　続いて 6 章は管楽器の基礎に関わる音響管の中を伝わる音波について考える章である。フルートとクラリネットを比べると管の長さがおおむね同等であるにもかかわらず，クラリネットはフルートに比べて低い音域をもっていることを理解することが本章の課題である。本章ではまた両者の楽器の音を出す源と考えられている発振機構に言及する。これらのことから読者は再び持続振動を励起する共鳴現象が重要な概念となっていることに気づくことになると思われる。

## 1. 本書の概要

　管内を伝わる音波を考えることによって音響管内を周期的に往復する音の仕組みを考察することができる。音響管内を往復する音波の周期は音響管の端の条件によっている。音響管の端の条件は，管の端が開いているかあるいは閉じているかの2通りに理想化して考えることができる。この管の端の条件が上記のフルートとクラリネットを区別する要因である。

　5章で述べた振動作図手法を音響管内を伝わる音波にも適用することによって，再び固有振動数と固有振動の概念が導出される。本書で初めて音響管現象を考える読者は，基音に加えて倍音もまた上記の管の端の条件によって異なることにいささか驚くかとも思われる。しかし本章に示される音波が管内を往復する模式図を眺めれば，管の条件によって生じる倍音の変化を直観的に理解することになるであろう。

　管内を往復する音波の模式図は，管内を往復する音が管の端からどのように管の外へ出ていくのか読者を困惑させることにもなるであろう。これまで言及してきた固有振動姿態を形成する定在波は，管内に音が閉じこめられて往復することによって作られるものである。この音が管の外へ放射されない現象は日頃の経験あるいは直観にも反することがらであろう。読者は本章を読み進むことによって管が開かれているという条件が単純化され過ぎた条件 (むしろ不完全開口部とでもいうべき) であったことに気づくとともに，開口端補正という管楽器の発展史上において歴史的な課題の一つを知ることになるであろう。

　これまで述べてきたように管内を往復する波動現象は管楽器の性質を知る基本的な事柄である。しかし管内を往復する音波が生じるには，管内に音波を持続させる音源が必要である。すなわち2章で述べた振動を持続させるに必要となった外力がここでも不可欠である。フルートのような管楽器の発音を生じさせる音源の詳細を考察することは困難であるけれども，本章では音がマイクロホンで収音されてスピーカから再生されるときに思わぬ音が発振してしまうハウリング現象を引用しながら，フルートの発音機構の源となるエッジトーンの概略を図解する。フルートでは歌口から吹き込まれた呼気が作る雑音の中からエッジトーンと管の共鳴現象によって周期的な音の列が選び出されることにな

るのである．ここにまさに共鳴現象の姿を読者は見ることができるであろう．

クラリネットはエッジトーンとは異なるリード (薄い振動する木片) の振動機構を利用した発振機構を有している．本章ではこの音源と管の共鳴現象の相違がフルートとクラリネットの音域のみならず音色の違いを生み出していることを示唆するに止まっている．また本章では最後にオーボエのような円筒以外の音響管現象にも若干言及する．

さて7章は平面波が3次元空間 (媒質) 中を伝搬する際に生じる波動現象である，反射，透過，屈折，干渉，回折，散乱について述べる章である．はじめに平面波が媒質の境界で生じる反射現象について考察する．空気中を伝わる音波は壁面に衝突すると反射波を生じる．この反射波が生じる仕組みは，今日ホイヘンスの原理と呼ばれる波の伝搬を定性的に説明する原理に従って図解することができる．ホイヘンスの原理による波の図解は，4章で考察した壁面上を音速より速い速さで伝わる振動から放射される音の図式を読者に思い起こさせるであろう．この図解に従う反射波生成機構は波の性質に基づいて理論的にも明らかにされている．反射波が作られる仕組みはまた，今日の数学の言葉でいえば変分原理に従ったフェルマーの原理あるいは最小作用の原理と呼ばれる法則によって解釈することもできる．この最小作用の原理による波の解釈は自然界の法則に潜む合理性に思わず目を見張りたくなるところでもある．

反射波の生成と同時に音波が空気中から水中に入射するように異なる媒質に波が伝わるときに生じる屈折波もまた上記の最小作用の原理に従ってその仕組みを理解することができる．音速が異なる二つの媒質にわたって音波が伝わるときに生じる屈折波は音の進行方向が入射波から変化する．地面から空中に上がるにつれて生じる温度差によって音速が変わることは3章における考察から理解できるところである．この空気中の音速の変化は音の伝搬方向が折れ曲がる音の屈折を生じさせる要因となる．夏の夜には遠く離れた山里から思わぬ音が聞こえることがある．このような思わず民話の世界に引きずり込まれような音の伝搬の正体を理解することもできるであろう．

平面波の伝搬は波の進行によらず一定で，音の強さは観測点によって変わる

ことはない。しかしこれまでに見たように互いに逆方向に進行する平面波が合わされると波の大きさが観測点によって異なる定在波が生じることになる。この7章ではそのような進行波の重ね合せによって生じる現象を媒質中を伝わる平面進行波の重なりという視点から考察する。進行波の重なりの結果生じる音の大きさの空間的変化(分布)を音の干渉あるいは音の干渉縞と呼ぶ。先に5章で述べた弦の振動に見られたような定在波(固有振動姿態)はそれぞれ固有の振動数(固有振動数)を有している。それに対して平面進行波の重ね合せによって生じる干渉縞は，任意の振動数において作られることになる。

本章(7章)ではさらに二つの点音源から生成される音の干渉を考える。音の干渉はそれぞれの音源から生成されて観測点に到達する二つの音波の位相差に起因して生じる現象である。位相差はそれぞれの音波が音源を出て受音点に達する伝搬経路の長さの相違によっている。この結果二つの音源によって作られる音波の干渉は，波の性質と双曲線に現れる幾何学模様の見事な融合の例として理解されるであろう。また二つの重なりあう平面波の位相関係が不規則に変動することを想定するだけでも，読者にとっては統計学の入門にもなるであろう。このような二つの平面波の重なりを考察するだけでも，室内を伝わる音の干渉によって生じる室内空間における複雑な音の変化を想像するには十分であろう。

媒質を伝わる波には平面波以外にも球面波という波がある。音を出している音源に近づけば音が大きくなることはよく経験される事実である。そのような音源からの距離によって変化する音の性質は，平面波ではなく球面波に見ることができる。以下に続く8章は球面波の生成と伝搬に関わる章である。

球面波を発生する基本的な音源の形として点音源がある。点音源から発生する球面波を考察することによって，球面波の振幅が音源からの距離に反比例して減少すること，そして球面波の音圧は音源振動の加速度に比例することが明らかとなる。この音圧と加速度の比例関係は力と加速度の関係を規定するニュートンの運動法則からも理解されるところであろう。

しかし球面波によって生じる媒質の振動速度は，音源振動速度が観測点の周

囲に及ぼす(音源からの距離に反比例して減少する)影響の局所的変化に関係して複雑なものとなる。その結果，音圧と振動速度が比例する平面波とは異なる関係が球面波には生じることとなる。すなわち平面波は常に音圧と振動速度が同位相であるのに対して，球面波ではもはや同位相ではない。これは球面波と平面波の大きな相違点である。この相違は球面波が伝搬する波面が平面ではなく球面となることによっている。

　波面の違いによる波の変化を直観的に理解することは容易ではないけれども，本書では球面波の振動速度が音圧と同位相になる成分と 90° の位相差を有する成分に，あたかもベクトルを二つの直交する成分ベクトルに分けるように分解できることを，媒質の非圧縮性という性質に言及することで明らかにしていく。これによって平面波には観測されなかった非圧縮性という気体の性質が波面が球面上に曲がっている球面波に現れるというイメージを読者は想像できるかと思われる。

　音源を取り巻く媒質の非圧縮性効果は，音源が発生する音のパワー(音源の音響出力)にも見ることができる。音源の音響出力は音源の周囲で音圧と振動速度の積を計算あるいは測定することから推定される。音圧と振動速度の積の時間変化を考えるとき両者の位相関係が重要となる。積の平均計算から読者は互いに同相となる音圧と振動速度成分のみが音響出力を生み出し，音圧に対して 90° 位相がずれた振動速度成分からは音響出力が得られないことを理解するに至るであろう。

　音源の音響出力に関する考察は，さらに音響出力が音源周囲の音響条件によって変化することを導くことになる。本書で取り上げる例でも音源に近接して存在する固い壁面と音源との距離によって，音源の音響出力が減少することがあることを示している。これは固い壁面によって生じる反射波が音源周囲における音圧と振動速度の位相関係に及ぼす影響によるものである。これまでに音響学を何度か学習してきた読者には，騒音源に近接して新たに他の音源を設置することによって騒音源から出される音のパワーを減少させる能動騒音制御の原理をここに見ることもできるであろう。

球面波に着目する8章においてもここまでは正弦波振動を想定するものであった。しかし正弦波振動に限られることはなく，媒質中の一部に生じた初期変化が3次元空間に広がる媒質中を球面波となって伝搬する波が存在する。本書でも音源の加速度変化と音圧の関係に着目して，媒質の一部に閉じこめられた圧力の高い部分が瞬時に解き放されて生じる風船の破裂音のような音の発生を図解する。その結果，圧力の高い空気が流出して生じる圧力上昇の波(圧縮波)が，その後に圧力減少の波(膨張波)を伴って観測点を通り過ぎていく様子を見ることができる。

球面波に関する8章の最後は光の伝搬を引用しながら音の回折と散乱を考察する。かくれんぼを思い起こすまでもなく，音は障害物に行く手を遮られても障害物の周囲を周回して伝わっていくことはよく知られた事実であろう。障害物を越えて音が伝搬していく現象を音の回折と呼んでいる。音が障害物を回りこむ仕組みをホイヘンスの原理を参照しながら図解することによって，今日ではガウスのレンズ公式と呼ばれる物体・レンズ・像の関係式に対応する関係を導出する。このことから光と音に共通する波の性質を読者は読み取ることができるであろう。

音波は障害物に当たると回折現象に加えて音が障害物の周囲に不規則に反射する散乱現象も同時に生じることになる。音の回折と散乱の現象は人間の聴知覚もまた人間の頭・耳介・胴体による音波の回折ならびに散乱現象を巧みに利用するものであることを実感することとなる。

本書の最後である9章は室内音響，すなわち室内を伝わる音波を考察する章である。室内音場は室内に音源から供給される音のエネルギーと室内の壁面に吸収される音のエネルギーの間に成立するエネルギー平衡条件を考察するよい事例である。エネルギー平衡条件がくずれるとき，すなわち音源が停止されて音のエネルギーの供給が絶たれると，室内の音のエネルギーは壁面から吸収されることによって時間とともに消えていくこととなる。この音が消えていく過程を残響状態と呼び，残響理論はこの残響過程を記述する理論である。残響理論は音の波動伝搬というよりも，むしろ熱エネルギーの変化を考察するような

理論である。

　しかし室内音場をさらに細かく観察すれば，室内を伝わる音波にもこれまでに述べてきたような固有振動数そして固有振動姿態が存在する。室内音場にも無数の固有振動数が現れる。それらは弦の振動あるいは音響管を伝わる音波のような1次元方向に伝わる波と異なり，基音とその倍音で表されるような調波構造を構成しないことが特徴である。室内音場においても固有振動数は室内固有の振動数である。このことから室内音場をそれぞれ固有の振動数を有する固有振動が無数に重なった姿として，想像することもできるであろう。室内の固有振動数が音の伝搬に与える影響は音源の音響出力の変化に観察される。室内音場の固有振動数の影響によって音の振動数ごとに大きく変動する音響出力の図例は，同じような音源であっても設置する室内によって音の響きが異なることを想像するに十分であるかと思われる。

　残響理論に従うと思われる室内音場の過渡的な音の変化もまた，波の性質の視点から理解することができる。光源と鏡の関係を室内に設置された音源と壁面の関係に置き換えてみよう。鏡を組み合わせてできる光源の像を思い起こせば，室内に置かれた音源には無数の鏡像が作られることが想像できる。この無数に広がる鏡像の分布は宇宙論に興味を抱く読者であれば，宇宙に広がる星の分布を論じたオールバースのパラドックスを思い起こすことにもなるであろう。実際，音源が停止した後に続く滑らかな音のエネルギー減衰は3次元空間に広がる室内空間固有の現象である。仮に2次元あるいは1次元に伸びる空間があったとすれば，そこではいずれも音源停止直後に集中した急峻な音のエネルギー減衰が現れることになるであろう。われわれの日常を取り巻く3次元空間の構造に改めて心が動かされるところかと思われる。

　以上のとおり，本書は音響学を学ぶ読者に，音の波動的性質，音の物理について定性的に図例解説する。読者が音響学の学習そして研究へ一層の関心を深められることを著者は望むものである。

# 2 振動とその周期

音は振動を伴う力と運動によって生じるものである．したがって音の発生と伝搬は物体の振動に関わるものとなる．物体の振動について考えることは，ガリレオ，ニュートンによる歴史的発見を追体験することでもある．本章では振動現象の一つであるばねと質量の振動を取り上げて，振動の周期(振動数)と自由振動，固有振動，減衰する振動，持続振動，共鳴現象についてエネルギーの保存と平衡の原理に基づいて考察する．また二つのばねが結合した振動についてエネルギーの移動という視点から言及する．

## 2.1 運動の法則とばねの自由振動

音が空間・媒質を伝わるとき物理学では**音波**と呼ぶ．音波は媒質の一部に生じた変化が振動となって媒質を伝わることによって生じる．したがって音・音波に関わる物理は振動現象によるものである．本章ではばねの振動を例にとって音波を起こす原因となる振動の性質を考えてみよう．

### 2.1.1 ばねと質量の振動系

質量をつけたばねが一定の動き(運動)を繰り返すことは想像できるであろう．一定の動きを繰り返している運動は**往復運動**あるいは**周期振動**と呼ばれる．往復に要する時間を**周期** $T$ [s]，1秒間に繰り返す往復運動(サイクルともいう)の数を**振動数**(あるいは**周波数**) $f$ [Hz]とするとき，両者は $f = 1/T$ [Hz]の関係がある．ここでHzはヘルツと呼ばれる振動数を表す単位である．また

$\omega = 2\pi f$ [rad/s] を**角振動数**という。ここで rad はラジアン，$\pi$ は円周率を表しパイと読む。また $\omega$ はオメガと読む。ラジアンは周期を $2\pi$ とする**三角関数**に由来する概念である[1])。三角関数は振動を表す基本的な関数である。波の性質に関わる振動数，周期，波長，位相，振幅という概念は三角関数のイメージから作られるものである。

図 **2.1** に示すようなばねと質量による振動を考えよう。ばねには伸びても縮んでも元の状態に戻ろうとする力 (**復元力**) がある。伸びあるいは縮みのような状態の変化に対して復元力を有するものを**弾性体**という。この復元力を $F$ [N] と表すことにすると，復元力 $F$ [N] は伸びを $x$ [m] ($x$ が負になったときは縮みを表すものとする) とするとき

$$F = -Kx \qquad [\text{N}] \tag{2.1}$$

と考えることができる。

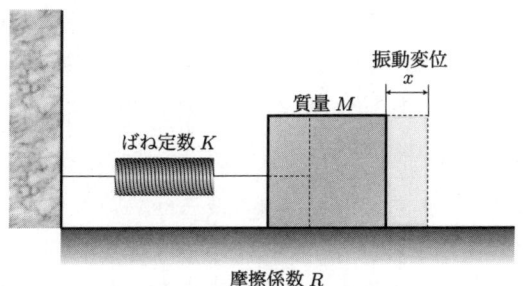

図 **2.1** ばねと質量による振動

すなわち式 (2.1) の表現はばねの伸び (縮み) と復元力が互いに比例することを表している。ここで $K$ [N/m] を**ばね定数**と呼ぶ。式 (2.1) の負号はばねが縮んだときの復元力を正にとることによっている。また式 (2.1) の力を表す単位記号 N(ニュートンと読む) は $\text{kg} \cdot \text{m/s}^2$ を表す記号である。復元力 $F$ [N] と伸び $x$ [m] の関係は，今日では**フックの法則**として知られている[2])。

物理法則と呼ばれるものの多くは数式を用いて表現される。物理現象・法則を説明・理解する目的で用いられる数式は 3 に 4 を加えると 7 になるというよ

うに左から右へ向かって流れる計算の過程を示すというよりは，むしろ左辺と右辺に表される両者の関係を表現するものとして理解するとよいであろう。本書に現れる数式についても何かを計算した結果ではなく二つの量の間の関係を表す表現として読者は読み進まれるとよい。

### 2.1.2 自 由 振 動

図 2.1 に示すようにばねにつけられた質量 $M$〔kg〕に力を加えて，ばねを $x_0$〔m〕だけ伸ばした後そっと離したとしてみよう。この質量 $M$〔kg〕の物体を質点と呼ぶことにしよう。ばねにつけられた質点は**周期振動**を繰り返す。このようにばねを伸ばす（あるいは縮める）ような力を取り去った後に生じる振動を**自由振動**という。振動する質点の位置（ばねの伸び縮み）を時間に伴って変化する変数（関数）$x(t)$ で表せば，**図 2.2** に示すとおり質点の自由振動は**正弦振動**と呼ばれる変化で表される。正弦振動は直角三角形の辺と角度によって変化する**三角比**を関数で表したものである。図形の性質に関係する三角比が振動を表す関数となることは興味深い。自然界にはこのような不思議とも思えるような関係がある。物理学はそのような自然界に潜む不思議な出来事を，あたかも自然と語り合うかのごとく一つ一つ解き明かしてきたのである。この自然界と物理学との対話はこれからもずっと続くことであろう。

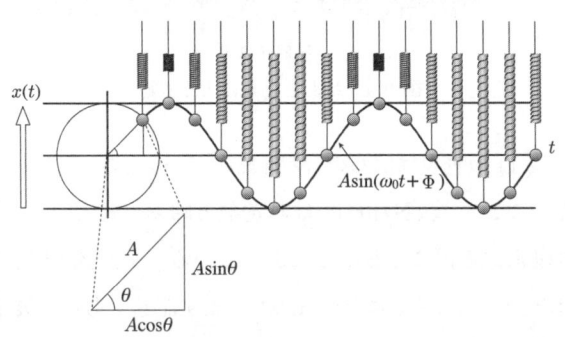

**図 2.2** 自由振動と正弦波

図 2.2 に示した円の中に直角三角形を描いてみれば，角度 $\theta$(シータと読む) に対する三角比が現れることがわかる。ここで角度 $\theta$ が時間とともに変化する変数 $\theta(t)$ であったとすれば，角度 $\theta(t)$ は $2\pi$ を周期とする関数となって三角比もまた $2\pi$ を周期とする関数 (**三角関数**) と見ることができる。このように一定の間隔をおいて同じ値を繰り返す関数を**周期関数**と呼んでいる。

ばねと質量の自由振動は周期的な振動となって

$$x(t) = A\sin\theta(t) = A\sin(\omega_0 t + \Phi) = A\cos(\omega_0 t + \phi) \quad \text{[m]} \quad (2.2)$$

のような三角関数で表すことができる[3]。ここで $A$ を**正弦振動の振幅**，$\theta(t)$ を**正弦振動の瞬時位相角**という。振幅 $A$ は図の円の半径に対応し，$\omega_0$ を角振動数 $\omega_0$ [rad/s] として $\Phi$(ファイと読む) を**初期位相角**[rad/s] という。この初期位相角を変えることによって式 (2.2) のとおり振動を cos 形で表すこともできる。ばねを $x_0$ [m] だけ伸ばした後そっと離したとすると，$t = 0$ のときの cos 形表現の初期位相角 $\phi$ (これもファイと読む。上記 $\Phi$ の小文字表記) は 0 と表される。

## 2.2 自由振動のエネルギーと固有振動数

振動は物に力が働いて生じる運動の一つである。力が物体に及ぼす作用をエネルギー [J](ジュールと読む) という概念で表現することができる。このエネルギーという考えは音が伝わるときにも重要な概念である。大きな音を出す音源は大きなエネルギーが音源から空気に作用し，小さな音を出す音源は小さなエネルギーが音源を取り巻く空気に作用する。前節で述べた自由振動を例にとってエネルギーに関する基本的な事柄を考えてみよう[4]。

### 2.2.1 位置エネルギーと運動エネルギー

自由振動のエネルギーには位置 (ポテンシャル) エネルギーと運動エネルギーがある。これら両者のエネルギーの和は一定となっている。これを**エネルギー**

の保存則という。位置エネルギーという名称は，それが質量の位置すなわちばねの伸び(縮み)によって決まることに起因する。一方の運動エネルギーの呼び名はそれが運動の速度に依存することに由来する。

エネルギーは仕事量とも呼ばれる。物体に働く力を $F$ [N]，力の方向に動いた物体の移動距離を $x$ [m] としたとき，力と移動距離の積すなわち $W = Fx$ [J] を**仕事量**という。ばねを伸ばすに必要な仕事量を考えてみよう。ばねを $x$ [m] 伸ばすためには，ばねの復元力に逆らってばねが $x$ [m] 伸びるまで力を加えなければならない。したがって仕事量はばねが徐々に(微小距離 $\Delta x$)伸びるにつれてばねに蓄えられていく復元力と微小距離の積を足し合わせる(積分[5]する)ことによって

$$E_p = \frac{1}{2}Kx^2 \quad [\text{J}] \tag{2.3}$$

と表される。この仕事量 $E_p$ を**位置(ポテンシャル)エネルギー**と呼ぶ。ばねの復元力がばねの伸縮に比例するのに対して，ポテンシャルエネルギーはばねの伸縮の自乗に比例する。

これまで述べてきたように時間とともに変化する物体の位置座標によって，物体が振動している状態を表すことにしよう。すなわち時間とともに変化する関数 $x(t)$ を用いて物体が振動している状態を表す。この位置座標を**振動変位**と呼ぶことも多い。このとき物体の(移動)**速度** $v(t)$ も時間 $t$ の関数となる。物体の速度が速ければ位置座標変化が急となり，反対に速度が遅ければ変化は緩やかとなる。このことから速度は微小な振動変位 $\Delta x$ に要する短い時間間隔 $\Delta t$ の比，すなわち $\Delta x/\Delta t$ で表すことができる。ここでごく短い時間間隔 $\Delta t$ が限りなく 0 に近づいたときの値を数学では微分係数と呼ぶ。特に関数 $x(t)$ のすべての時間にわたって微分係数を計算することによって，再び時間 $t$ の関数として表された微分係数は関数 $x(t)$ の**導関数**と呼ばれる。関数 $x(t)$ の導関数は $dx(t)/dt$ という記号で表される[5]。同様に物体の**加速度**も時間 $t$ の関数となって物体の加速度が大きければ速度変化が急となり，反対に加速度が遅ければ速度変化も緩やかとなる。したがって加速度は短い時間の間に生じる速度変化か

ら $\Delta v/\Delta t$ と表される。

物体に働く力は物体の質量と加速度の積で表される。この関係は今日では**ニュートンの運動方程式**と呼ばれている。この運動方程式に従う力と加速度の関係から仕事量には位置エネルギーに加えて，物体の運動速度で表される運動エネルギーも含まれる。質点の速度を $v(t)$ 〔m/s〕とすると

$$E_k = \frac{1}{2}Mv^2 \qquad \text{〔J〕} \tag{2.4}$$

のように**運動エネルギー**と呼ばれる仕事量 $E_k$ が求められる。運動エネルギーは振動速度の自乗に比例する。

### 2.2.2 エネルギー保存則と自由振動の角振動数

ばねと質点の自由振動は図 **2.3** に示すようにばねの伸び (あるいは縮み) が最大となるところで位置エネルギーが最大で運動エネルギーが 0，反対にばねの伸び (あるいは縮み) が 0 になるところで位置エネルギーが 0 で運動エネルギーが最大となる。

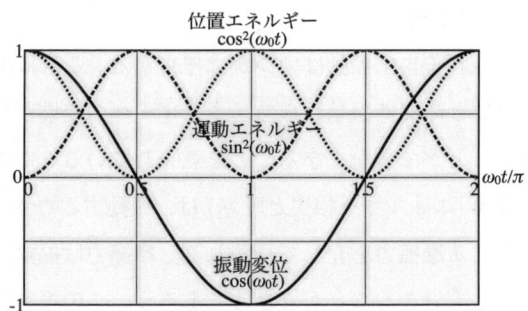

図 **2.3** 自由振動のエネルギー

図では位置ならびに運動エネルギーともにその最大値を等しくして，和が一定になるように示してある。エネルギーの保存則によって運動エネルギーと位置エネルギーの和が一定となることから，**自由振動の角振動数** $\omega_0$ 〔rad/s〕は $\omega_0 = \sqrt{K/M}$ のとおり，振動系の質量 $M$ 〔kg〕とばね定数 $K$ 〔N/m〕から決

定される振動系固有の値となる。この角振動数を**固有角振動数**と呼ぶ。ばねの自由振動の振動数は振動する物体の質量が大きくなれば低くなり，ばねが固くばね定数が大きくなるほど高くなる。自由振動は**固有振動**とも呼ばれる。一組のばねと質量から構成される振動系は固有振動の振動数がただ一つに決まっていることから**単振動**とも呼ばれている。

固有振動と固有振動数はガリレオの発見として知られる振り子の等時性[6]を，振り子の代わりにばね振動を用いて表したものと考えることもできるであろう。しかしばねも伸びきってしまうと，もとに戻らなくなることもわれわれが経験することであろう。ばねの伸びと復元力が比例することを表すフックの法則を仮定することが困難となるような大きな振動においては，上記のような固有振動と固有振動数の原理を当てはめることはできない。そのような大きな振動現象に関しては非線形振動論[7]という分野がある。

## 2.3　減衰する自由振動

### 2.3.1　減衰振動の表現

ばね振動に観測される自由振動はいつかは停止する。これは振動する物体と物体を取り巻く媒質との間で振動から熱エネルギーへの変換が行われて，やがて振動を継続することができなくなることを意味している。この振動から熱へのエネルギーの変換 (エネルギー損失と呼ぶ) は，振動する物体と物体を取り巻く媒質との間に生じる**摩擦力**を介して行われる。摩擦力は振動速度に比例して大きくなる抵抗力とも考えることができるであろう。この振動速度と摩擦力の間の比例係数 (**摩擦係数**とも呼ぶ) を $R$ と置けば，前節で述べた減衰のない自由振動とよく似た形ではあるけれども，振動の大きさが振動とともに減衰していく**減衰自由振動 (減衰振動)**

$$x(t) = Ae^{-\frac{R}{2M}t}\cos(\omega_d t + \phi) \quad \text{〔m〕} \tag{2.5}$$

の形に書き表すことができる。式 (2.5) の $e^{-\frac{R}{2M}t}$ は**指数関数**[1]と呼ばれるもの

で，eはオイラーの定数を表す．指数関数は三角関数と並んで音響・振動を表す重要な関数である．式 (2.5) による減衰振動の表現は振動が停止することを表すことはできないけれども，減衰する指数関数 $\mathrm{e}^{-\frac{R}{2M}t}$ の $\frac{R}{2M}$ は，振動が減衰する速さを表している．

### 2.3.2 減衰振動の振動数

摩擦係数 $R$ [N···/m] が質量 $M$ [kg] に比べて十分小さく，振動の減衰がゆっくりであるとしてみよう．このとき自由振動に関わる力は，振動の変位に比例するばねの**復元力**，速度に比例する**摩擦力**，そして振動の加速度に比例する**慣性力**の合計となる．さらにこの力の合計は自由振動では常に 0 となっている．振動の減衰が遅く自由振動がおおむね正弦振動で表されるとすれば，振動の変位・速度・加速度に関わる力の合計が 0 となることから

$$\omega_d = \sqrt{\omega_0^2 - \frac{k^2}{4}} \qquad [\mathrm{rad/s}] \qquad (2.6)$$

$$k = \frac{R}{M} \qquad [1/\mathrm{s}] \qquad (2.7)$$

のとおり減衰する自由振動の角振動数 $\omega_d$ が導かれる．ここで $k$ は**減衰係数**とも呼ばれるものである．この結果を減衰のない自由振動の角振動数と比べれば，減衰振動の角振動数は摩擦力の増大とともに低い振動数へ変化する．すなわち摩擦力の振動に与える影響は，振動系の質量が変わらなければばねの復元力を等価的に弱めるものと解釈することができるであろう．

人が物を叩いたときに出る音を聴いて物の損傷を診断する要素の一つは，振動の減衰すなわち摩擦損失の変化である．式 (2.6) に見るとおり摩擦損失が振動に及ぼす影響は減衰振動の振動数変化で判断することができる．ここに音による損傷の判断ができる理由があるものと思われる．しかし摩擦損失が増大して

$$\omega_0^2 < \left(\frac{R}{2M}\right)^2 \qquad [\mathrm{rad/s}]^2 \qquad (2.8)$$

のように減衰の速さが固有振動数の大きさを越えると，**図 2.4** からわかるよう

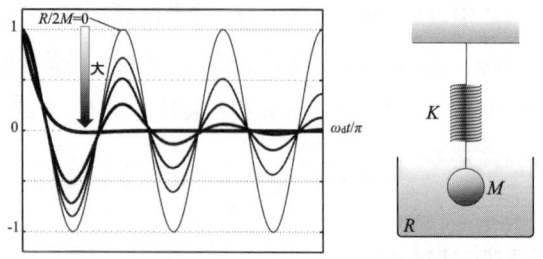

図 2.4 減衰振動と減衰条件

に自由振動は持続することができなくなる。振動が持続できる条件は楽器の発音振動数範囲を決める要因ともなるものである[8]。

## 2.4 共鳴現象とエネルギー平衡の原理

振動を持続させるに必要な外力を考察することから，われわれは音響振動の共振 (共鳴) 現象に遭遇する。

### 2.4.1 持続する外力による振動

自由振動は外力を取り去った後に生じる振動である。しかし自由振動は減衰してやがては消滅する。楽器の発音機構は振動を持続させる外力を与える役目を担っていると考えることもできるであろう。そこでここでは自由振動を持続させるに必要な外力を考えてみることにしよう。振動を持続させるに必要な外力の振動数は持続させる振動の振動数に等しくなることは，例えば音源が音を出しているとき伝わってくる音の振動数が音源の振動数に等しいことからも想像できるかと思われる。前節までに述べた自由振動の発生を振り返れば，周期振動を持続させる外力の大きさは質量 $M$ [kg] の物体を運動させるに必要な物体の加速度に比例する**慣性力**，ばねの変位に比例してばねが戻ろうとする**復元力**，そして振動速度に比例して振動を減衰させる**摩擦力**に分解して考えることできる[9],[10]。

## 2.4 共鳴現象とエネルギー平衡の原理

振動を持続させる外力 $F(t)$ と持続する振動変位 $x(t)$ あるいは加速度 $w(t)$ の関係は，持続する振動の振動数に応じて変化するものである。減衰の速さを表す減衰係数 $k$ が小さく $k \to 0$ とすれば，外力 $F(t)$ は持続振動の角振動数 $\omega$ と振動系の固有角振動数 $\omega_0$ に応じて概略

$$x(t) \cong \frac{F(t)}{K} \quad \text{[m]} \quad (\omega \ll \omega_0) \tag{2.9}$$

$$w(t) \cong \frac{F(t)}{M} \quad \text{[m/s}^2\text{]} \quad (\omega \gg \omega_0) \tag{2.10}$$

のとおり書き表すことができる。すなわち式 (2.9)～(2.10) は力と振動の関係が固有振動数を境に変化することを意味している。

持続する振動の振動数が固有振動の振動数より低いとき ($\omega \ll \omega_0$) には外力と振動変位は比例する。このことから振動変位は外力とばね定数によって決定される[11]。すなわち振動変位の大きさ (振幅) は持続振動の振動数によらず一定となる。これは外力の振動数と比べて固有振動数が高い ($K/M \to$ 大) ときには物体の加速度と質量の積に比例する慣性力が弱められ，その結果外力とばねの復元力が等しくなることから理解できる。反対に持続振動の振動数が固有振動の振動数より高いとき ($\omega \gg \omega_0$) には，外力と振動の加速度は互いに比例する。ばね振動の加速度はばねの質量と外力によって決定され[11]，振動の加速度は外力の振動数によらず一定となる。これは固有振動の振動数が外力の振動数より低ければ ($K/M \to$小)，ばね定数に比例するばねの復元力が弱められて外力が慣性力と等しくなることによっている。

物体の振動変位を $x(t) = A\cos\omega t$ とすれば，速度 $v(t)$, 加速度 $w(t)$ はそれぞれ $-\sin\omega t$, $-\cos\omega t$ に比例するものとなる。式 (2.10) に見るとおり外力の振動数が固有振動数より高いとき，外力が質量と加速度の積で表されることから力と物体の変位は互いに逆符号となる。これを音響学では互いに**逆 (位) 相**であるという。反対に互いに同符号であれば**同 (位) 相**という。振動する二つの量の間に観測される位相差は，振動変位と加速度のように互いに単位 (次元) の異なる観測値の間においても定義される概念である。すなわち二つの観測値の間の位相差は運動する向きの違い，あるいは時間変化のずれに着目するもので

あって，観測値の大きさに代表されるような量的な関係を示すものではないことに注意すべきである。

力と物体の振動変位が逆位相となる関係には，質量を有する物体がすぐには動きにくいという**質量慣性効果**が現れている。これを力が右方向に働くとき物体は反対に左方向に運動するとしてとらえると，この力と変位の関係は時に直観的に理解しにくいこととなる。しかし上記の力と物体の振動変位が逆位相となる関係を物体の運動 (変位) は力の変化に「半周期遅れて」追従すると読み取ることによって，力と運動の関係を直観的に理解できるようになるであろう。

次項に述べるとおり外力の振動数が系の固有振動数に一致するとき**共鳴(共振)**という。そのとき外力は振動速度と同相となる。

### 2.4.2 共鳴現象

前項に述べたように持続する外力を加えることによって，振動系の固有振動数以外の振動数をもつ振動 (固有振動以外の振動) も持続させることができる。持続振動の振動数が固有振動数より低ければ振動変位は外力に比例する。反対に固有振動数より高い振動数の振動を持続させるには，持続振動の加速度に比例する外力が必要となる。しかし外力の振動数が固有振動数に等しくなる共鳴状態では外力は振動の速度に比例する。本項では持続振動の振動数 (外力の振動数) による振動のエネルギー変化を考えてみよう。

振動変位が 0 となるときに着目すれば，振動のエネルギーは運動エネルギーから考察することができる。運動エネルギーの大きさは**図 2.5** に示すように，外力の振動数 (持続振動の振動数) が振動系の固有振動数から遠ざかるにつれて減少する。図の横軸 $\xi$(グザイと読む) は図中の式にあるとおり，振動の条件を一つのパラメータにして表したものである。持続振動の振動数が固有振動数から遠ざかるにつれて，外力によって励起される振動は小さくなっていく。反対に外力の振動数が系の固有振動数に一致するとき (図中 $\xi = 0$) 持続振動のエネルギーは最大となることが図から読み取れる。この固有振動数の振動 (固有振

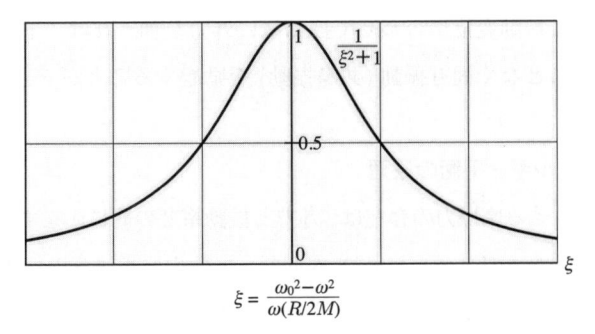

図 2.5　持続振動の振動数と運動エネルギー

$$\xi = \frac{\omega_0^2 - \omega^2}{\omega(R/2M)}$$

動) が持続している状態を**共鳴**と呼んでいる。このことから振動エネルギーが最大となる振動数を**共鳴振動数**とも呼ぶ。外力の振動数に対する振動の運動エネルギーの変化は，振動に伴う減衰係数の増大とともに緩やかになる。反対に摩擦損失の減少とともに共鳴現象は顕著となる。一方外力の振動数が一定であるとすれば減衰係数の増大とともに運動エネルギーは減少する。

すでに 2.3.1 項で述べたように振動を減衰させる摩擦力は振動の速度に比例する。その結果外力の振動数が固有振動数に等しくなる共鳴状態では，外力は摩擦力と釣り合うことになって振動の速度に比例することとなる。すなわち振動系の固有振動を持続させるには，振動系の振動速度に合わせて外力を加えればよいことがわかる。**図 2.6** を見てみよう。固有振動の振動速度 $(-\sin\omega_0 t)$ と同相である外力は，振動変位 $(\cos\omega_0 t)$ の大きさが最大から 0 となる 1/4 周期部分では振動変位とも同相であるとみなせる。したがって振動変位が上記の部

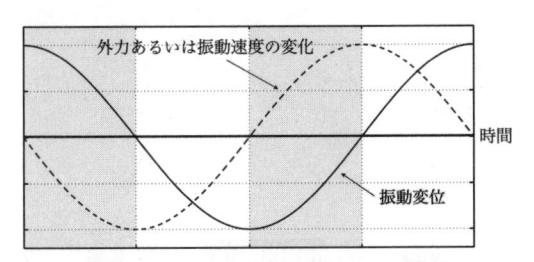

図 2.6　固有振動における外力と振動の位相差

分に来るたびに振動変位に合わせて振動系に外力を加えれば，正弦波振動をする外力に限ることなく固有振動 (共鳴振動) を励起することができる[12]。

### 2.4.3 エネルギー平衡の原理

振動を減衰させる摩擦力の存在は，外力と振動系との間に成立するエネルギー平衡の原理を明らかにする。このエネルギー平衡の原理は音の伝搬においても重要な概念である。振動系を振動させる外力と振動系の振動速度の積は外力が系に及ぼす**仕事率 (単位時間当りの仕事量)** [J/s] を表す。外力から振動系に加えられる仕事率の時間平均値は，摩擦力 $F_R(t)$ が系に及ぼす仕事率の平均値に等しい[9]。これを振動系の**エネルギー平衡の原理**という。このエネルギー平衡の原理が成立している振動状態を**定常状態**ともいう。持続する振動において摩擦力によって失われる振動エネルギーが減少すると，振動を持続させるに必要な外力のエネルギーも減ることとなる。

## 2.5 連成振動

前節において振動を持続させるに必要な外力と外力から振動系に供給されるエネルギーに言及した。しかし図 **2.7** にあるように複数の振動系が結合して互いに他の振動系に力を及ぼし合う**連成振動**では，どちらか一方のみを振動を起

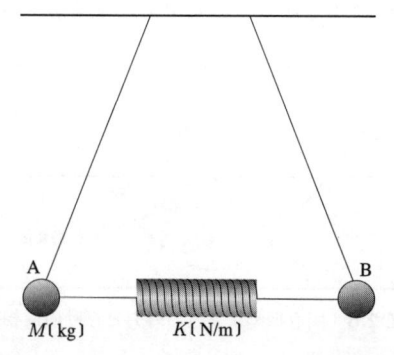

図 **2.7** 結合する二つの振り子 (連成振動系)

こす外力の源 (振動駆動源) と考えることができなくなる。本節では固有振動数が等しい二つの振動系が結合して生じる振動を考察する[9),13),14)]。その結果われわれは結合振動の振動数はもはやそれぞれの固有振動数とはならないこと，振動系相互にエネルギーの授受が行われることを知る。

### 2.5.1 振り子の振動

図 2.8 に示すような振り子の振動から始めよう。ばねの振動と同じように振り子が戻ろうとする力が振動を起こす源となる。ここで振り子が戻ろうとする力を産み出す原因はばねの復元力に代わる糸の張力にある。

図のように質量 $M$〔kg〕なる質点を長さ $L$〔m〕なる糸の先端に吊し，糸の他端を定点 O に固定する。振り子が鉛直平面内で平衡位置 A を中心として微小振動をするとしよう。糸の張力を $P$〔N〕とすれば，振り子の変位を OA 軸からの距離 $x$〔m〕で示したとき振り子を平衡位置 A に戻そうとする力は，変位 $x$ とは逆向きに $P\sin\theta$ の大きさをもっている。すなわち張力 $P$ の水平成分が振り子を平衡位置に戻そうとする作用をし，その垂直成分は重力と釣り合っている。この結果**振り子の自由振動**の角振動数 $\omega_0$〔rad/s〕は，すでに述べた単振動の固有振動数と同様に振動の位置エネルギーと運動エネルギーの和が一定となるエネルギー保存原理に従って

$$\omega_0 = \sqrt{\frac{g}{L}} \qquad \text{〔rad/s〕} \tag{2.11}$$

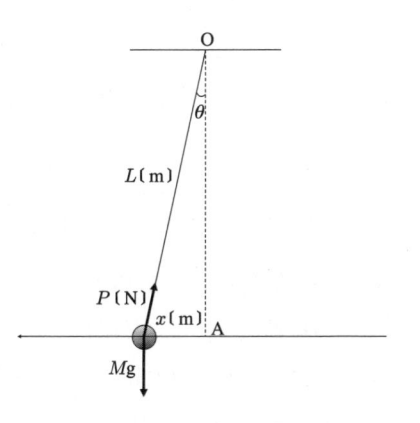

図 2.8 振り子の振動

となる。ここで $g$ は重力の加速度〔m/s$^2$〕を表す。**振り子の自由振動角振動数**は

糸の張力，質点の質量，振動の変位に関わりなく，振り子の長さによっている。長い振り子は低い自由振動の振動数をもっている。この結果振り子の周期を知れば振り子の長さを推定することもできる。

### 2.5.2 結合振子の固有振動数

図 2.7 に戻ろう。図に示される二つの振り子は互いに等しい固有振動数をもっている。しかし二つの振り子が結合した連成振動の固有振動は単一振り子の固有振動数から変化する。ここで $\omega_0 = \sqrt{\dfrac{g}{L}}$, $\omega_c = \sqrt{\dfrac{K}{M}}$ をそれぞれ単一の振り子，振り子を結合するばねと一つの質量 $M$〔kg〕による振動系の固有角振動数とすれば，結合された振り子による連成振動の固有角振動数は

$$\omega_1 = \omega_0 \qquad \text{〔rad/s〕} \tag{2.12}$$

$$\omega_2 = \sqrt{\omega_0^2 + 2\omega_c^2} \qquad \text{〔rad/s〕} \tag{2.13}$$

の二つの振動数として求められることになる[13]。ここで振り子 A と B はそれぞれの振動数 $\omega_1$, $\omega_2$ で振動するわけではないことに注意すべきである。それぞれの振り子の自由振動はともに上記二つの固有振動が合成されたものである。この結果振り子 A と B それぞれの自由振動の振動数を一つに定めることはできないこととなる。

### 2.5.3 結合の強さによる振動の変化

振動を起こす初期条件 (振動が開始される時間を $t=0$ としたとき，$t=0$ に与えられる振動変位) として $x_A(0) = A$ ならびに $x_B(0) = 0$ とすれば，前項に定めた連成振動はそれぞれ

$$x_A(t) = A\cos\left(\frac{\omega_2 - \omega_1}{2}t\right)\cos\left(\frac{\omega_2 + \omega_1}{2}t\right) \qquad \text{〔m〕} \tag{2.14}$$

$$x_B(t) = A\sin\left(\frac{\omega_2 - \omega_1}{2}t\right)\sin\left(\frac{\omega_2 + \omega_1}{2}t\right) \qquad \text{〔m〕} \tag{2.15}$$

と表すことができる。これは二つの自由振動の角振動数を平均した角振動数を

もつ正弦振動に，二つの自由振動の角振動数の差の 1/2 を角振動数とする正弦振動が掛け合わされた振動波形となっている。

結合が弱い状態 $\omega_c \ll \omega_0$ では平均振動数は結合がないときの固有角振動数にほぼ等しく，結合の影響は振動波形の振幅変化の速さ $\dfrac{\omega_2 - \omega_1}{2}$ に現れる。結合がさらに弱くなれば $\omega_1 \cong \omega_2$ となって，変位が $x_A(t)$ で表される振り子 A の振動は振り子 B の影響を受けることなくほぼ単一の振り子のように振動する。このとき振り子 B はあたかも静止したかのようになる。すなわち振り子 A の振動は振り子 B の振動へ伝搬しにくいものとなる。

図 2.9 は弱い結合振子の振動を図示した例である。振動の振幅 (図中波形の細かい振動の山谷を滑らかに結んだ実線あるいは太い点線) が周期的に変化する様子を見ることができる。これは振動のエネルギーが二つの振り子の間を周期的に往来することを意味している。その結果，図の実線と太い点線を比べて見れば振幅変動は二つの振り子の間で 1/4 周期ずれていることがわかる。この状態では結合する二つの振動系は互いに交代で他方を駆動する駆動源となっている。すなわちどちらか一方の振動系だけを駆動源として考えることはできない。また式 (2.14),(2.15) から類推されるように平均振動数による細かい正弦振動もそれぞれ cos 形，sin 形となって互いに 90° 位相がずれている。逆に $\omega_c$ が大きくなって結合が強くなれば，固有振動数の変化が増大し平均振動数も結合

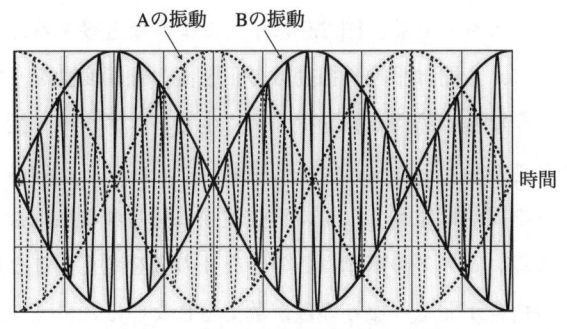

図 2.9 結合の弱い結合振子の振動

がないときの固有振動数から大きく変化する．その結果，二つの固有振動数の差も増大してエネルギーの授受も速くなる．図 2.10 は結合の強い結合振子の振動である．結合が弱いときに観測されるゆっくりした振動の振幅変化を観測することはできないことがわかるであろう．さらに結合が大きくなれば互いの振り子は角振動数がおおむね $\omega_2$ となって，振動は互いに逆相となる．

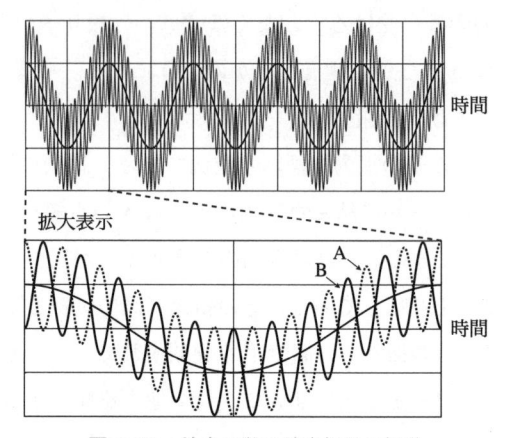

図 2.10　結合の強い結合振子の振動

### 2.5.4　う　な　り

結合が弱い結合振子の振動は振動数のわずかに異なる二つの正弦波の重なりとして理解することもできる．図 2.9 に示したような近接する二つの振動で表される音を聴くと，人間は平均角振動数の正弦波の振幅変動をうなりとして知覚する．ここでうなりの周期は結合振子間に生じるエネルギー授受の周期である．このようなエネルギー授受に伴う振幅変化が観測されるのは，二つの正弦波の平均振動数の周期に比べて二つの正弦波間に見られる振動数差による周期が長いときである．ピアノの調律はこのうなりの数を数えることによって行われる．振動系の結合が弱くうなりの数が数えられないほどにうなりがゆっくりになれば (うなりの周期が長い)，二つの振動の振動数はほぼ同一であるとみなすことができる．二つの振動系が結合して生じる連成振動は，左右一組の筋肉

が門を開閉するように運動する人間の声帯振動を解析するモデルにも利用されている[15),16)]。

### 2.5.5 防振・耐震と共鳴現象

連成振動は機械・建築の防振あるいは耐震設計の基本的な考え方を表すものでもある。機械を床面に直接設置すれば機械の振動が床面を伝わって他に伝搬しやすく騒音の原因ともなる。同時に床面の振動は機械に伝わりやすく環境振動による精密機械の故障の要因となることもある。しかし機械・建物を周囲環境から隔離することは一般には困難なことである。そこで防振・耐震設計では機械を床面に設置するとき床面に直接設置する代わりにやわらかいばねを介して設置するようになっている。

図 **2.11** において機械の質量を $M_1$ 〔kg〕, 床面と機械の間に介在させるばね定数を $K_1$ 〔N/m〕としたとき, 床質量を $M_2$ 〔kg〕, ばね定数を $K_2$ 〔N/m〕とする単振動として床振動を表すことにしよう。機械が動作して生じる機械の質量 $M_1$ の振動振幅を $X_1$, 同様に床面の振動振幅を $X_2$ としたとき機械から床面への振動伝達比 $T_{12} = X_2/X_1$ の大きさが小さくなれば機械振動が床に伝搬する影響を抑えることになって防振効果が上げられる[13),17),18)]。

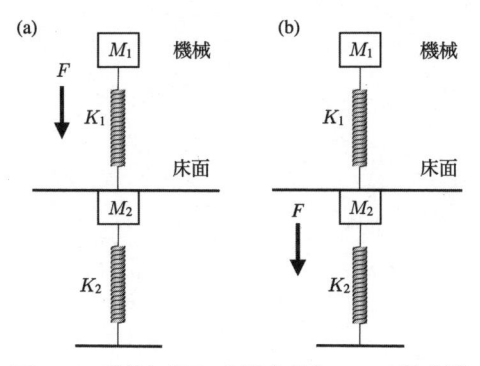

図 **2.11** 機械と床面の振動を表す二つのばね振動

図 2.11(b) に従って床を代表する質量 $M_2$〔kg〕に力 $F$〔N〕が加わるとき，振動伝達比 $T_{21} = X_1/X_2$ は

$$T_{21} = \frac{K_1}{K_1 - \omega^2 M_1} = \frac{\omega_1^2}{\omega_1^2 - \omega^2} \qquad (2.16)$$

と表されることとなる。上式 (2.16) の床面振動から機械振動への伝達比 $T_{21}$ が小さくなれば床振動が機械に伝搬することを防止する耐震効果が期待できる。この伝達比を見れば床を伝わる振動の振動数が設置される機械 $M_1$ と床と機械の間に介在させるばね $K_1$ から生じる共鳴振動の振動数 $\omega_1$ に一致しない限り耐震効果が期待できる。反対に床を伝わって到来する周囲振動の振動数が上記の共鳴振動と一致するような状況では耐震効果は著しく損なわれることとなる。機械の質量に応じて耐震効果が期待できるばねの強さを決定する背景にはこのような共鳴現象が隠れている。

# 3 共鳴器と気体の性質

先の2章で述べた共鳴現象は空気を震わせながら空気中を伝わる音にも存在する。音の共鳴を理解するには**共鳴器**を考えてみるとよい。本章では共鳴現象とともに空気中を伝わる音を音波として理解するうえで必要な気体の性質について考えることとしよう。空気のような気体がばねのような弾性体として働くことが音が空気中を伝わる要因である。今日では**ボイルの法則**という名前で知られる気体の体積と圧力の関係を著したボイルは，音波が空気によって伝わることを実証した人としても知られている[2]。

## 3.1 共 鳴 器

ヘルムホルツは人の聴神経が共鳴振動数の異なる共鳴器の集まりであろうと推論した[2]。このヘルムホルツの洞察は現在でも人の聴覚機能を考える基本原理となっている。音響共鳴器が**ヘルムホルツの共鳴器**と呼ばれるのもヘルムホルツの業績を物語るものであろう。

### 3.1.1 体積弾性率

ばねと質量によって振動が生じる要因は，ばねに内在する弾性的復元力であった。空気のような気体にもばねのような弾性的復元力が存在する。気体の中では多数の分子が不規則な運動を繰り返している。その結果，体積 $V_0$ [m$^3$]，密度 $\rho_0$ [kg/m$^3$]（ローと読む），質量 $M = \rho_0 V_0$ [kg]，圧力 $P$ [Pa]，温度 $T$ [K] のように気体の状態を分子のような微視的な尺度ではなく巨視的に特徴づける

量がある。ばねの運動のように目で見ることができないので，空気に内在する弾性的性質は読者には不思議に思われることであるかもしれない。しかし自転車のタイヤに空気を入れるときの経験を思い起こしてみれば，空気にもばねのような力が内在することを想像できるように思われる。

気体の圧力は気体の膨張 (伸び) あるいは凝縮 (縮み) と関係がある[9]。気体の体積が $V_0$ [m$^3$] から $V$ [m$^3$] へ変化したとき

$$\varepsilon = \frac{V - V_0}{V_0} \tag{3.1}$$

を気体の**膨張**と呼ぶ。ここで $\varepsilon$ (イプシロンと読む) は体積変化の割合を表すものである。一方気体の密度変化に着目した

$$s = \frac{\rho - \rho_0}{\rho_0} \tag{3.2}$$

を気体の**凝縮**という。式 (3.1) の膨張と同様に凝縮は密度変化の割合を示すものである。体積変化が微小であれば膨張と凝縮の間には

$$s \cong -\varepsilon \tag{3.3}$$

が成立する。

凝縮によって気体の圧力は上昇する。凝縮と圧力変化 $p$ の間にはばねの伸びと復元力に対応する

$$p = \kappa s \quad [\text{Pa}] \tag{3.4}$$

なる関係がある。ここで $\kappa$ [Pa] (カッパーと読む) を**体積弾性率**と呼ぶ。体積弾性率はばね定数に対応するものである。凝縮が媒質の密度変化となってその結果音が周囲に伝搬するとき，音に伴う圧力変化を**音圧**と呼ぶ。

### 3.1.2　共鳴器の固有振動数

気体の凝縮による圧力変化に着目すれば，すでに2章で述べたような振動の共鳴現象を空気のような気体を用いて実現することができる。**図 3.1** は共鳴現象を起

こす空気の振動系 (**共鳴器**) の例である。容器の入り口 (頸部) を除いた空洞部内には一様な圧力変化が生じると考えよう。容器を取り囲む外気を伝わって到来する音によって容器の細い入り口 (頸部) 内の空気全体が容器の内外方向に振動すると，空洞部内には一様な圧力変化が生じる。

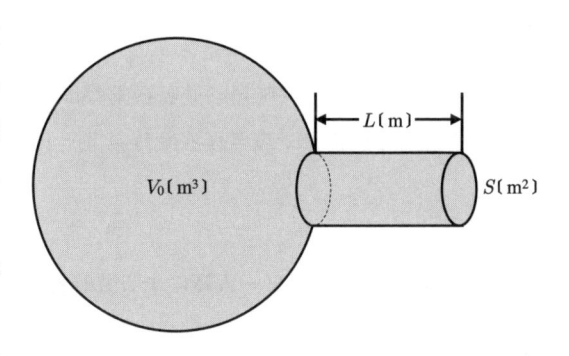

図 **3.1** 共鳴器の例

このように頸部が振動して容器の内部に一様な圧力変化が生じる現象には，振動の周期が長い (ゆっくりとした振動) という仮定が必要である。共鳴器が共鳴現象を起こすには頸部の空気が一体となって運動することに加えて，容器内の空気に密度の不均一が生じないことが必要である。このような条件は音の振動数が高くなるほど実現することが難しい。

長さ $L$ [m]，断面積 $S$ [m$^2$] を有する頸部の空気の振動変位を $x$ [m] とすれば，体積 $V_0$ [m$^3$] であった容器内空気の体積が $V$ [m$^3$] に膨張あるいは凝縮することによって，共鳴器内部に音圧が生じる。空気の密度を $\rho_0$ [kg/m$^3$] として頸部の質量を $M = \rho_0 SL$ [kg] とすれば，**共鳴器の固有角振動数**$\omega_0$ [rad/s] は

$$\omega_0 = \sqrt{\frac{\kappa S}{\rho_0 L V_0}} \qquad [\text{rad/s}] \tag{3.5}$$

と表される[13]）。

固有角振動数は共鳴器の形状によらず頸部の長さ $L$ [m]，本体部分の容積 $V_0$ [m$^3$] ならびに空気の密度 $\rho_0$ [kg/m$^3$] と体積弾性率 $\kappa$ [Pa] によって決定される。式 (3.5) の固有角振動数をばね振動系の固有角振動数と比較すれば

$$\omega_0 = \sqrt{\frac{\kappa S^2/V_0}{\rho SL}} = \sqrt{\frac{K}{M}} \qquad [\text{rad/s}] \tag{3.6}$$

と考えることによって，ばね定数 $K$ [N/m] は $K = \kappa S^2/V_0$ と解釈することができる。このように共鳴器の共鳴振動数は共鳴器の容積に反比例して低くなる。すなわちばね定数で表されるばねの復元力の強さが容積の増加とともに弱くなる。

### 3.1.3 スピーカとスピーカ箱による共鳴器

われわれが音楽を楽しむスピーカは箱の内部に取り付けられている。図 **3.2** にイメージされるようなスピーカとスピーカ箱は共鳴器として理解することができる。すなわちスピーカの振動板の質量 $M$ [kg] と箱の容積 $V$ [m$^3$] をそれぞれ共鳴器の頸部の質量ならびに空洞の容積とみなすことによって共鳴器が構成されることになる。

スピーカから出る音は共鳴器の頸部とみなされたスピーカの振動板の振動が空中に伝わって生じる音波によるものである。図 3.2 に示したように共鳴器をばねと質量の結合として表すことにしよう。

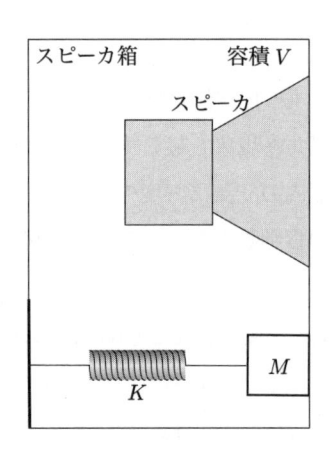

図 **3.2** スピーカとスピーカ箱

質量 $M$ [kg] に力 $F$ [N] が作用して生じる振動変位 (スピーカ振動板の振動変位) は，その符号に応じてばねの伸びあるいは縮みを表すものである。スピーカ振動板に作用する力が強くなって振動板が箱の内側へ向かって引き込まれると (負方向変位) 箱内部の空気は凝縮して圧力は上昇 (正方向の圧力変化) する。反対にスピーカ振動板に作用する力が逆向きに働いて振動板が箱の外側へ押し出されると (正方向変位) 箱内部の容積が膨張して圧力は下降 (負方向の圧力変化) する。すなわち箱内部の圧力変化はスピーカ振動板の振動変

位の向きと逆向き (逆位相) となる。

　空気中を伝わる音波が生じる源となるスピーカ振動板の振動で生じる振動板付近の圧力変化は，振動板付近の空気が振動板の振動速度と等しい速度で運動することによっている。したがって振動板の振動と空気 (音を伝える媒質) 粒子の運動によって生じる圧力変化の関係には空気の膨張あるいは凝縮が生じる仕組みが重要となる。特にスピーカ振動によって作り出される音波は，スピーカ前面に広く開かれた媒質中に生じる圧力変化によるものである。スピーカ箱内部のような閉じこめられた媒質中ではなく，広く開かれた媒質に生じる凝縮あるいは膨張は振動源の振動変位には比例しない。このような現象を媒質の非圧縮性効果とも呼ぶ[9]。この媒質の非圧縮性効果による圧力変化がスピーカ振動板の前面で観測されることとなる。これがスピーカ箱に対応するような共鳴器を構成する空洞部の圧力変化と大きく異なるところである。

　そこで再び運動法則を考えよう。振動する物体に作用する力はその加速度に比例する。すなわちスピーカ振動によって振動板付近に生じる圧力変化はスピーカ振動の加速度に比例して生じることとなる。

　図 **3.3** は振動変位と速度ならびに加速度の変化を図示した例である。振動板が振動すると振動板付近の一群の空気粒子も振動板の振動速度と等しい振動速度で運動する。図からわかるとおり振動速度と振動変位は互いに位相が 90°ず

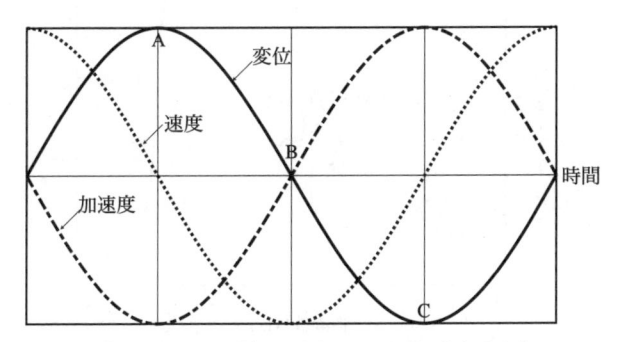

図 **3.3**　振動の変位と速度ならびに加速度の変化

れている。その結果運動には変位と逆相になる加速度が生じることに注目すべきである。振動板が箱の外側に向かって変位するにつれて振動板付近の空気粒子の一群も外側に向かって変位する。そのとき図の加速度曲線に見るとおり加速度が負側に変化するにつれて，一定の質量を形成する一群の粒子に作用する力は負側(粒子密度が希薄化する)に向かう。やがて振動が最大変位点(図中の点A)に達したとき，密度の希薄化も最大となって圧力は最も減少することとなる。すなわちスピーカの振動板が箱の外部に押し出されたとき，スピーカ前面の圧力は反対に低下することが理解できる。

振動板が振動を続けて上記と反対に箱の内側に引きこまれるにつれて，一群の粒子も箱の内側に向かって変位し加速度は正側(圧力が上昇)に向かう。図中点Bでは振動加速度が0，すなわち密度の希薄化が解消して圧力低下も0に復帰する。さらに振動板が箱の内側で最大変位点(点C)に達すると，加速度が最大となって圧力上昇も最大となる。このようにスピーカ前面に生じる圧力変化はスピーカ振動板の振動加速度に比例して，スピーカの振動変位と逆向きすなわち逆相となる。この結果スピーカ振動板の前後(スピーカ箱の内と外)で観測される音圧変化は，スピーカ箱が共鳴器とみなせるような低い振動数では互い

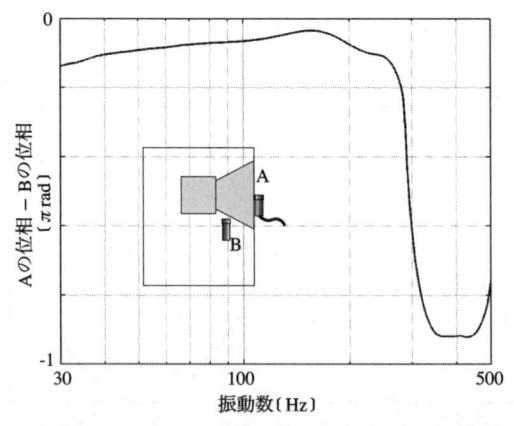

図 **3.4** スピーカ箱内外(箱に取り付けたスピーカ振動板の前後)の音圧位相差(前 - 後))

に同相となっている[19]。スピーカ振動につれて変位する一群の粒子の質量を音響学では**付加質量**と呼ぶことがある。スピーカの振動板を半径 $a$ [m] の薄い円盤と考えたとき，この円盤の振動に伴う付加質量を形成する媒質の容積はおおむね $8a^3/3$ [m$^3$] 程度となる[20),21)]。

図 3.4 は箱に取り付けたスピーカの振動板の前後で観測される音圧変化の位相差を低い振動数にて計測した例である。音圧変化はスピーカ箱内外において 300 Hz 付近まではおおむね同相であると見ることができる。

## 3.2 気体の法則

共鳴器の固有振動数を知るには空気の体積弾性率の値が必要である。体積弾性率は空気中を伝わる音の速さを知るうえでも重要となる。体積弾性率の大きさを知るには，熱，圧力，温度による気体の変化を考察することが必要となる。気体の状態変化には等温変化と断熱変化という二つの代表的な過程がある。本節では文献 22),23) を参照して気体の性質について考察しよう。

### 3.2.1 気体の圧力と体積

気体の圧力と体積の間にはほぼ一定の関係が成立することが確かめられている[23)]。**ボイルの法則**として知られる気体の圧力 $P$ [Pa] と体積 $V$ [m$^3$] の関係は

$$PV = 一定 \quad [J] \tag{3.7}$$

と表されるものである。すなわちボイルの法則は気体の圧力あるいは体積が変化しても，気体のエネルギーが一定に保たれていることを示すものとして考えられるものである。

しかしボイルの法則は気体の温度を一定にしたときに成立する圧力と体積の変化 (**等温変化**という) を示したものである。気体のエネルギーが気体の温度に

関わるものであることは想像されるところであろう。気体の圧力 $P$〔Pa〕と体積 $V$〔m³〕と絶対温度 $T$〔K〕(ここで K はケルビンと読む) との関係は

$$PV=RT \qquad \text{〔J〕} \tag{3.8}$$

と表され，これを今日では**ボイル・シャルルの法則**という。気体のエネルギーは温度に比例して上昇することを式 (3.8) の関係は示している。ここで $R$ は**気体定数**という。温度が 0 ℃ (すなわち絶対温度 273 度) で 1 気圧 (1.0133 × $10^5$〔N/m²〕) の状態を**標準状態**という。標準状態において $22.414l(10^{-3}$〔m³〕) を占める気体 (これを **1 モルの気体**と呼んでいる) に対する気体定数は 8.314 J/(mol・K) となる。圧力が一定であれば温度が 1 ℃ (1 度ともいう) 上昇すると気体のエネルギーは上昇して，気体の体積は 0 ℃の時の 1/273 膨張する性質がある[23]。水が氷る温度 0 ℃は絶対温度 273 度，水が沸騰する温度 100 ℃は絶対温度 373 度，絶対温度 0 度は −273 ℃である。

気体の分子が運動する速度のように正と負の両者の値をもって変化する量の大きさは，自乗した値の平均値の正の平方根 (**RMS**: root mean square) で表すことが多い。これを特に**実効値**と呼ぶ。実効値は統計学で用いられる標準偏差に対応する値である[24]。運動する気体分子の運動速度の実効値は

$$\sqrt{\overline{v^2}}=\sqrt{\frac{3RT}{M}} \qquad \text{〔m/s〕} \tag{3.9}$$

と考えることができる[22]。ここで $M$〔kg〕は着目する気体の質量，$\overline{v^2}$ は分子の運動速度の**自乗平均値**(平均自乗速度ともいう) である。なお 1 モルの気体の質量をグラム単位で表したとき，そのグラム数を**分子量**と呼ぶこともある。式 (3.9) のとおり気体の分子が飛び回る速さを表す平均自乗速度は気体の絶対温度に比例する。温度の上昇とともに気体分子の運動速度は増加し，反対に温度の下降とともに運動速度は減少する。絶対温度 0 度は気体の運動速度が 0 すなわち気体分子が運動を停止する温度である。このことから気体のエネルギーが 0 となる絶対温度 0 度の意味するところを理解できるであろう。

### 3.2.2 熱量と比熱

物体の温度を 1 度上げるのに必要な熱量をその物体の**熱容量**という。また 1g の物質の温度を 1 度上げるのに必要な熱量をその物質の**比熱**という。しかし比熱には体積を一定とする**定積比熱**と圧力を一定にする**定圧比熱**の 2 種類がある[22),23)]。これらの比熱の相違は音波が空気中を伝わる速さを求める際に重要となる[9)]。

体積を一定にして気体の温度を上げる場合 (定積比熱 $C_V$) には，気体に加えられた熱量はすべて内部エネルギーの上昇に利用される。一方圧力を一定にして気体の温度を上げる場合 (定圧比熱 $C_P$) には，体積を一定としないので熱量を加えると気体の体積が膨張する。その結果，体積膨張に熱量が費やされることによって定圧比熱 $C_P$ は定積比熱 $C_V$ に比べて大きな値となる。前項で述べたボイル・シャルルの法則より気体の圧力と体積の積は

$$PV = \frac{1}{3}M\overline{v^2} = \frac{2}{3}U = RT \quad [\text{J}] \tag{3.10}$$

$$U = \frac{3}{2}RT = \frac{1}{2}M\overline{v^2} \quad [\text{J}] \tag{3.11}$$

と書き直すことができる。ここで $U$ は気体分子の平均運動エネルギーを表している。したがって気体分子が一つの原子から構成される単原子気体では，体積を一定とする定積比熱 $C_v$ は

$$C_v = \frac{U}{T} = \frac{3}{2}R \quad [\text{J/s}] \tag{3.12}$$

と表される。

一方気体の圧力を一定に保ったまま気体に熱を加えると，すでに述べたように加えられた熱量は気体の体積の膨張にも費される。この膨張によって生じる体積変化 $\Delta V$ と温度変化 $\Delta T$ の関係は

$$P\Delta V = R\Delta T \quad [\text{J}] \tag{3.13}$$

と考えることができる。したがって $\Delta T = 1$ 度のときには，$P\Delta V = R$ となって $R$ は気体の温度を 1 度上昇させるに必要な比熱の一部に含まれることになる。このことからこの $R$ を式 (3.12) の定積比熱 $C_v$ に加えれば定圧比熱 $C_p$ が

$$C_p = C_v + R = \frac{5}{2}R \tag{3.14}$$

と表されることがわかる．定積比熱と定圧比熱を比べれば，単原子気体の**比熱比** $\gamma = C_p/C_v$ (ガンマと読む) は 5/3 となる．

しかし多原子分子から構成される気体においては比熱比は 5/3 と異なる値となる．気体が 2 原子分子から構成される酸素では比熱比は約 1.4 となることが知られている．空気の比熱比も酸素とほぼ同様である．この空気の比熱比の値が音の速さの計算では用いられることになる[9]．

### 3.2.3 断熱変化における体積と温度

先に 3.2.1 項に述べたように，等温変化における気体の圧力と体積の間にはボイルの法則と呼ばれる関係が見られる．しかし気体が断熱変化をする過程では，ボイルの法則とは異なる関係が知られている．

熱の伝達がない状態で物体が圧縮あるいは膨張する変化を**断熱変化**という．外部から暖めるような熱が加わらないとすれば，定圧比熱 $C_p$ を用いて $C_p \Delta T = 0$ から，式 (3.14) に示す $C_p = C_v + R$ より

$$C_v \Delta T + R\Delta T = C_v \Delta T + P\Delta V = 0 \quad [\mathrm{J}] \tag{3.15}$$

なる関係が成り立つことになる．このことから気体の温度変化 $\Delta T$ は $P = RT/V$ を利用して

$$\Delta T = -\frac{RT\Delta V}{VC_v} \tag{3.16}$$

が得られる．すなわち断熱変化では気体の体積が膨張 ($\Delta V$ が正) すれば温度が下がり，反対に体積が圧縮 ($\Delta V$ が負) されれば温度が上昇することが読み取れる．これは熱が外部から与えられたりあるいは外部へ熱が伝わらない断熱変化では，外部からの仕事でなされる気体の体積変化が気体分子の運動エネルギー変化すなわち温度変化に現れることを示している．われわれが熱いものを飲むときなどに無意識に口をつぼめて息を吹くことによってさまそうとするのは，

狭められた口先から気流が吹き出される際にその体積が膨張して息の温度が下がることを知らず知らずに学んでいるからであろう。

式 (3.16) の気体の体積・圧力・温度変化の関係はさらに式 (3.14) から導かれる比熱比 $\gamma = 1 + R/C_v$ を用いて

$$\frac{\Delta T}{T} + (\gamma - 1)\frac{\Delta V}{V} = 0 \tag{3.17}$$

と書き直すことができる。この関係から対数関数の微分演算[5]と $PV = RT$ に従って

$$PV^\gamma = 一定 \quad \text{〔J〕} \tag{3.18}$$

を導出することができる。

### 3.2.4 体積弾性率

気体の体積弾性率は気体の変化過程に依存する。体積弾性率 $\kappa$ による圧力変化 $\Delta P$ と体積変化 $\Delta V$ の関係を改めて

$$\kappa = \frac{\Delta P}{s} \cong -V_0 \frac{\Delta P}{\Delta V} \quad \text{〔Pa〕} \tag{3.19}$$

と書き表そう。気体の変化過程を等温変化とすれば，気体の圧力と体積が互いに反比例する関係，すなわち $PV = 一定$ から $\Delta P$ と $\Delta V$ の積が十分に小さいと考えて

$$\frac{\Delta P}{\Delta V} \cong -\frac{P_0}{V_0} \quad \text{〔Pa/m}^3\text{〕} \tag{3.20}$$

が成立することになる。その結果，体積弾性率は

$$\kappa \cong P_0 \quad \text{〔Pa〕} \tag{3.21}$$

と表される。ここで $P_0, V_0$ は音波が存在しないときの気体の圧力と体積を表す。

気体の変化過程を断熱変化としてみよう。等温変化に代わって気体の圧力と体積変化の関係を表す $PV^\gamma = 一定$ より上記と同様の近似によって

$$\frac{\Delta P}{\Delta V} \cong -\gamma \frac{P_0}{V_0} \qquad [\mathrm{Pa/m^3}] \tag{3.22}$$

が得られる。その結果,体積弾性率は

$$\kappa \cong \gamma P_0 \qquad [\mathrm{Pa}] \tag{3.23}$$

と書き表すことができる。次章4章に述べるとおり音の速さを求めるうえで上式 (3.23) の体積弾性率が重要となる。

# 4 音の速さと波が伝わる仕組み

　音波はばねと質量が幾重にもつながったとき，どこかで生じた振動が周囲に伝わる現象として考えられる。本章では結合されたばねの振動を想定して，ばね振動とそのエネルギーが伝搬する様子を考察することによって音波が伝わる仕組みを想像する。その結果，ばね振動のエネルギー保存原理から固有振動の振動数を得たように，エネルギー保存原理から音の伝わる速さを知る。ばねの連鎖を伝わる波，空気中を伝わる波あるいは弦を伝わる波の仕組みから，われわれは空間(波を伝える媒質)に生じた局所的な変化が周囲に伝わる波動現象に対する共通のイメージを抱くことになるであろう。

## 4.1　ばねの連鎖と振動の伝搬

### 4.1.1　ばね振動とエネルギーの伝搬

　波は媒質全体が移動することなく，媒質の一部分に生じた初期変化が媒質内を伝搬することによって生じる。媒質に生じた初期変化は波を観測する観測点にやがて到来し，そして過ぎ去っていく。この媒質の一部分に生じる局所的な変化に着目するところが3章で述べた共鳴器と異なるところである。本節では文献3)を引用して振動するばねの連鎖をモデルとして波の伝搬に関する直観的考察から始めよう。

　図 **4.1** に示すばね連鎖モデルにおいて時刻 $t=0$ に初期変位

$$d(q_0, 0) = x \quad [\mathrm{m}] \tag{4.1}$$

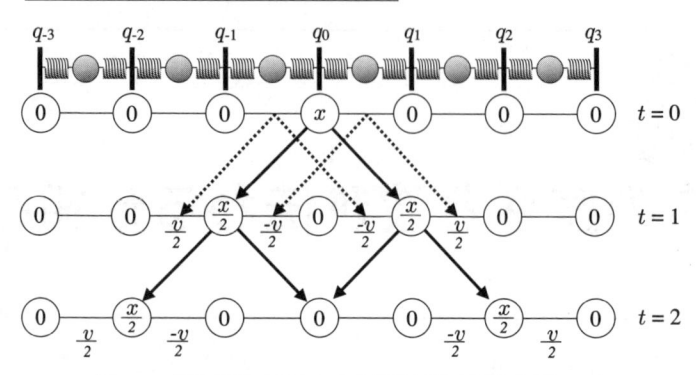

**図 4.1** ばね連鎖モデルによる振動伝搬 (文献 3) 図 22.3)

が与えられるとしよう。この初期変位が次の瞬間 (ここで $t=1$ と表す) に左右半分ずつ伝わると，振動変位は $d(q_1,1) = d(q_{-1},1) = x/2$ と表される。

ばねの伸縮に伴う位置エネルギーの変化は，$t=0$ では $[q_{-1}, q_0]$ の変位差が $x$，$[q_0, q_1]$ の変位差が $-x$ となるのでばね定数を $K$ として

$$E_p(0) = \frac{1}{2}Kx^2 + \frac{1}{2}K(-x)^2 = Kx^2 \quad \text{[J]} \tag{4.2}$$

と表される。時刻 $t=1$ では $[q_{-2}, q_{-1}]$ の変位差が $x/2$，$[q_{-1}, q_0]$ の変位差が $-x/2$，また $[q_0, q_1]$ の変位差が $x/2$，$[q_1, q_2]$ の変位差が $-x/2$ となるので

$$E_p(1) = \frac{1}{2}K\left(\left(\frac{x}{2}\right)^2 + \left(\frac{-x}{2}\right)^2 + \left(\frac{x}{2}\right)^2 + \left(\frac{-x}{2}\right)^2\right)$$

$$= \frac{1}{2}Kx^2 \quad \text{[J]} \tag{4.3}$$

のとおり伝搬される。式 (4.3) を初期の位置エネルギー式 (4.2) と比べると位置エネルギーが半分に減少していることがわかる。これは振動が伝搬するに伴って位置エネルギーの残りの半分が運動エネルギーに変化したことを意味している。すなわちはじめにばねに与えられた伸縮から質点の振動が生じて，振動変位から振動速度への転化が行われたことになる。

初期値 $t=0$ における $[q_{-1}, q_0]$ の変位差 $x$ が振動速度 $v$ に転化したとしよう。伝搬する振動速度は，左 $[q_{-2}, q_{-1}]$ に正で $v/2$，右 $[q_0, q_1]$ に負の符号で $-v/2$

伝搬する。同様に $[q_0, q_1]$ の変位差 $-x$ が振動速度に転化して伝搬する部分は，左 $[q_{-1}, q_0]$ に $-v/2$，右 $[q_1, q_2]$ に $v/2$ となって伝搬する。したがって伝搬する運動エネルギーは

$$E_k(1) = \frac{1}{2}M\left(\left(\frac{v}{2}\right)^2 + \left(\frac{-v}{2}\right)^2 + \left(\frac{-v}{2}\right)^2 + \left(\frac{v}{2}\right)^2\right)$$
$$= \frac{1}{2}Mv^2 \qquad \text{〔J〕} \tag{4.4}$$

と表される。すなわち振動変位 $x$ と振動速度 $v$ の間に

$$\frac{1}{2}Kx^2 = \frac{1}{2}Mv^2 \qquad \text{〔J〕} \tag{4.5}$$

が成立して，先に 2 章で述べたエネルギーの保存原理が満たされる。

初期変位 $d(q_0, 0) = x$ を与えた $q_0$ における変位の変化をさらに見てみよう。初期変位が $t = 1$ において $q_{-1}$ と $q_1$ に半分ずつ伝搬すると，$t = 2$ においてさらに $q_{-2}$ と $q_0$，$q_0$ と $q_2$ にそれぞれ半分ずつ伝搬する。この結果 $q_0$ における振動変位は $t = 2$ において $x/2$ となって，伝わった波が再び戻ってくるようにも見える。

しかし変位 $x/2$ は振動速度から転化される変位によって相殺される。すなわち $t = 1$ において区間 $[q_{-1}, q_0]$ と $[q_0, q_1]$ に生じた振動速度 $-v/2$ の平均すなわち $-v/2$ から転じた変位 $-x/2$ によって 0 となる。同様に $t = 2$ において $q_{-2}$ における変位を見れば，$q_{-1}$ に伝わった振動変位 $x/2$ から来る振動変位 $x/4$ に加えて，区間 $[q_{-3}, q_{-2}]$ の速度 0 と区間 $[q_{-2}, q_{-1}]$ の速度 $v/2$ の平均 $v/4$ から転化する変位 $x/4$ によって $x/2$ の振動変位が伝搬することとなる。このように波は位置と運動のエネルギーを互いに転換しながら伝搬する。

音の伝搬に関する研究はベルヌーイ，オイラー，ダランベール，ラグランジュ，ポアソン等によって進んできた[2]。図 4.1 のばねモデルで考察したような波の伝搬は今日では**ダランベールの解**とも呼ばれ，基音と倍音からなる弦の振動を解析したベルヌーイの解析とともに重要なものである。

## 4.1.2 振動が伝わる速さ

前項では初期変位から発する振動の伝搬を時間を段階的に分割して考察した。しかし振動は時間を区切って断続することなく連続的に伝搬していくものである。その結果振動・波の伝搬には伝搬する速さという概念が生まれることになる。ここでは振動が波として伝わる速さを考察する目的で，ばねと質量が密に充填された「連続的」とみなされるような連鎖を想像してみることとしよう。すなわち振動変位あるいは振動速度は $u(x)$ または $v(x)$ のように，場所を表す変数 $x$ の連続関数として表されることとなる。したがって微小区間 $\Delta x$ に含まれる媒質の質量は $M = \rho \Delta x$ のように媒質の密度 $\rho$ [kg/m] によって示されることになる。

振動の位置エネルギーと運動エネルギーが等しく，振動変位 $x$ と速度 $v$ との間に成り立つ

$$\frac{1}{2}Kx^2 = \frac{1}{2}Mv^2 \quad [\text{J}] \tag{4.6}$$

を思い起こそう。この関係は

$$\frac{1}{2}K\left(\frac{\Delta u}{\Delta x} \cdot \Delta x\right)^2 = \frac{1}{2}\rho\Delta x \cdot \left(\frac{\Delta u}{\Delta t}\right)^2 \quad [\text{J}] \tag{4.7}$$

のように，連続的とみなされる媒体では書き改めることができる。この結果，以下のとおり

$$\frac{(\Delta u/\Delta t)^2}{(\Delta u/\Delta x)^2} = \frac{K\Delta x}{\rho} = c^2 \quad [\text{m/s}]^2 \tag{4.8}$$

媒質中を伝わる波の速さ $c$ [m/s] が導かれる。

波が伝わる速さは上式 (4.8) のとおり媒質微小部分の振動速度と微小部分に生じたひずみの変化率の比で表されるものである。言い換えれば媒質微小部分の振動速度 ($\Delta u/\Delta t$) は振動が波として伝わる速さ ($c$) あるいはひずみの変化率 ($\Delta u/\Delta x$) の大きさに比例するものである。波の伝わる速さが速くなるにつれて，あるいは変形の度合いが急になるほど振動速度が増すことは直観的にも受け入れやすいように思われる。

### 4.1.3 波動方程式とその解

前項で考察した波が伝わる速さは波の伝搬を記述する数式表現によっても理解することができる。微分あるいは偏微分を学習したことのある読者にとっては，**波動方程式**という言葉を聞いたこともあるであろう。本項では将来の学習の一助として，波動方程式と呼ばれている音・振動の伝搬を表す方程式を紹介することにしよう。初めて音・波動を学習される読者にとっては波の伝搬が方程式に従う現象であることを聞いて，深く感銘を受ける読者もいれば何か興ざめしたような感覚にとらわれる読者も少なからずいることであろう。

しかし波動方程式は音響・振動現象を解析・理解するうえで重要な理論的よりどころとなるものでもある。音に限らず量子物理学あるいは電磁気学でも波動方程式は重要な方程式となっている。このことからも波がもつ共通の性質をうかがい知ることができる。複雑に見える現象も一つの方程式に従う結果として理解されることは，物理学の法則の美しさの表れと見ることもできるであろう。

図 4.1 に戻ろう。力が加速度と質量の積で表されるというニュートンの運動法則に従えば

$$M \frac{d^2 u_i}{dt^2} = f_i \qquad [\mathrm{N}] \tag{4.9}$$

と書き表すことができる。ここで $u_i$ は $i$ 番目のばねの振動変位，$\dfrac{d^2 u_i}{dt^2}$ は質量に生じる加速度，$f_i$ は $i$ 番目のばねに接続された質量に働く力を表すものである。また $i$ 番目のばねの伸縮によって生じる復元力 $f_i$ は，ばね定数を $K$ として

$$f_i = K(u_{i+1} - u_i) - K(u_i - u_{i-1}) \qquad [\mathrm{N}] \tag{4.10}$$

と表すことができる。式 (4.9) および式 (4.10) の数式表現に見るとおり，ばねの伸縮に伴う質量の加速度・振動変位はいずれも滑らかな連続関数として仮定されている。

そこで前項で連続的媒質を想定したように，力 $f$ と振動変位 $u$ をともに時間変数 $t$ と空間の位置を表す変数 $x$ に関する滑らかな連続関数として

$f_i = f(x,t)$    〔N〕 (4.11)

$u_i = u(x,t)$    〔m〕 (4.12)

と表すことにしよう．この関数を用いた表現を利用すれば復元力を表す関数 $f(x,t)$ はさらに

$$f(x,t) = K(u(x+\Delta x, t) - u(x,t)) - K(u(x,t) - u(x-\Delta x, t))$$
$$= K\Delta x \left( \left.\frac{\partial u(z,t)}{\partial z}\right|_{z=x} - \left.\frac{\partial u(z,t)}{\partial z}\right|_{z=x-\Delta x} \right)$$
$$\cong K\frac{\partial^2 u(x,t)}{\partial x^2}(\Delta x)^2 \quad \text{〔N〕} \tag{4.13}$$

のとおりに書き改めることができる．この式 (4.13) の表現には見慣れない記号があるように感じられる読者もいるかと思われる．ここでは偏微分と呼ばれる微分演算の記号が利用されている．式中に含まれる $\dfrac{\partial u(x,t)}{\partial x}$ という記号は二つの変数 $x$ と $t$ を含む関数 $u(x,t)$ の変数 $x$ だけに着目した (変数 $t$ を定数として仮定した) 微分演算であるとして読み進んでいただきたい．したがって時間変数 $t$ に着目した 2 階微分はすでになじみかとも思われる運動の加速度を表現するものとして理解することができる．

しかし空間変数 $x$ に着目した 2 階微分は新たな表現であるかと思われる．そこで復元力の表現を改めて見直してみよう．ばねの両端で生じる伸縮はそれぞれ伸縮のないところからの「差分」である．したがって復元力の源となるばね全体の伸縮は，さらにばね両側の伸縮の「差分」である．この結果復元力がばねの変位の「差分」の「差分」，すなわち 2 階微分で表されることになるのである．媒質の空間変数に関する 2 階微分は，媒質の一部に生じて波を起こす源となる媒質の変形・ひずみに関する特徴的な表現である．媒質に生じる変形に言及すると，関数の極値あるいは変極点の判別に導関数のさらなる微分が利用されることにも想像が及ぶであろう．

滑らかな連続関数による表現によってニュートンの運動法則を

$$\frac{\partial^2 u(x,t)}{\partial t^2} = c^2 \frac{\partial^2 u(x,t)}{\partial x^2} \tag{4.14}$$

のとおり書き換えることができる。ここで $c$ は

$$c^2 = \frac{K\Delta x}{\rho} \quad [\text{m/s}]^2 \tag{4.15}$$

のとおり波の速さである。また媒質の質量は密度 $\rho$〔kg/m〕を用いて $M = \rho\Delta x$〔kg〕と表される。方程式 (4.14) はニュートンの運動法則の単なる書き換えにすぎないように見えるけれども，**波動方程式**と呼ばれる波の伝搬を表す重要な方程式である。方程式の導出過程に見るとおり，媒質全体にわたって伝搬する波の現象が媒質のごく一部 (微小区間) に生じた変形に関わるニュートンの運動法則と弾性的性質に従っていることは，きわめて興味深いことであると思われる。この結果媒質のごく一部に端を発して媒質全体に伝搬する波の速さは，媒質の変形によって生じる復元力に関係する媒質の弾性的性質と，復元力によって生じる媒質の運動加速度に関連する媒質の密度の比を用いて表されることになる。

波動方程式に従えば媒質を伝わる波は

$$u(x,t) = f(ct - x) + g(ct + x) \tag{4.16}$$

のような関数の形に書き表すことができる。微分演算を学習したことのある読者であれば，関数式 (4.16) を波動方程式 (4.14) に代入することによって式 (4.16) が式 (4.14) を満足することを確かめられるであろう。

式 (4.16) の解において関数 $f(ct-x)$ と $g(ct+x)$ はそれぞれ媒質中を右 (正の空間座標側) あるいは左 (負の空間座標側) 方向へ進む波を表すものである。ここで変数 $r$ に伴って変化する量 $y$ を $y = h(r)$ として表したとき，関数 $h(r)$ の値すなわち $y$ は変数 $r$ によって定められることに着目しよう。式 (4.16) において変数 $ct - x$ が等しければ，たとえ変数 $t$ と $x$ の値が異なっていても，関数 $f(ct-x)$ の値は常に等しい値となる。同様に関数 $g(ct+x)$ の値は変数 $ct+x$ が等しければ等しい値となる。波が伝わるということを直観的にとらえていえば，常に同一の値 (あるいは同一の形) が媒質中をある速さで進行することである。このことから時刻 $t$ とともに変わる変数 $ct - x$ (あるいは $ct + x$) が一定の

値となる $x$ の値を追ってみれば，波が速さ $c$ で伝搬することが理解されるであろう．

波動方程式の解が関数を特定することなく伝わる速さだけを表す解であることは，媒質中を任意の形の波が伝わる可能性を表すものでもある．ここで偏微分を学習したことのある読者であれば，すでに気づいているであろう．式 (4.16) の関数 $f(ct-x)$ を時間変数 $t$ ならびに空間変数 $x$ についてそれぞれ偏微分をすれば

$$\left| \frac{\partial f/\partial t}{\partial f/\partial x} \right| = c \tag{4.17}$$

が得られる．これは前項で導出した波が伝わる速さを表す関係式 (4.8) に対応するものである．

## 4.2 音・振動の伝搬に伴うエネルギーと音の速さ

音が空気を媒体として伝わるものであることを実証したのはボイルであったとされている[2]．現在では音は弾性体を伝わる波としてとらえられている．われわれが日常知覚する人の声，楽器の音，動物の鳴き声などは音波と呼ばれる空気中を伝わる**疎密波(縦波)**による現象として今日では理解されている．ここでは音のエネルギーが伝わるという視点から音の伝わる速さを考えることとしよう．

ばねと質量から構成される単振動によるばねの伸縮を音が空気中を伝わるときに生じる空気中の密度変化 (空気中の微小部分の膨張と凝縮) に置き換えて考えると，音波の伝搬を想像することができる．ばねを伸縮させるに必要な仕事量からばねの伸縮に伴う位置エネルギーを求められたように，波が伝搬する媒質中の微小部分の体積 $\Delta V$ が $\Delta V(1+s)$ に変化するに伴う位置エネルギー $E_p$ 〔J〕は

$$E_p = \frac{1}{2}\kappa \Delta V s^2 \quad \text{〔J〕} \tag{4.18}$$

と表される。同様に運動エネルギー $E_k$〔J〕は媒質微小部分の振動速度を $v$〔m/s〕とすれば

$$E_k = \frac{1}{2}\rho_0 \Delta V v^2 \quad \text{〔J〕} \tag{4.19}$$

となる。ここで $\rho_0$〔kg/m$^3$〕は音波が生じていないときの媒質の密度を表すものである。いいかえれば密度あるいは体積の音による変化はいずれも微小な変化として考えられている。

音が伝搬するときのエネルギー変化を考えてみよう。図 4.2 に示すような音圧の初期変化が左右に伝わるとき，波は左右にそれぞれ 1/2 ずつの大きさとなって伝搬していく。波を起こす原因となった初期変化のエネルギー (位置エネルギー) を 1 としよう。左右に伝搬する波のエネルギーは互いに等しく 1/2 となって，両者の合計は波を起こす原因となった初期変化のエネルギー 1 に等しい。そこで左右それぞれの波の大きさが初期変化の 1/2 となっていることを考えると，ばね振動による位置エネルギーがばねの伸縮の自乗に比例したように，それら二つの波の位置エネルギーはそれぞれ 1/4 となっている。したがって左右それぞれに伝搬する波の運動エネルギーもまた 1/4 でなければならない。こうして左右に伝搬するそれぞれの波の運動エネルギーと位置エネルギーは互いに等しいものとなる[9),22),25)]。

式 (4.18),(4.19) に示した位置と運動のエネルギーが互いに等しいことから，振動速度 $v$ と圧縮 (凝縮) $s$ の関係を

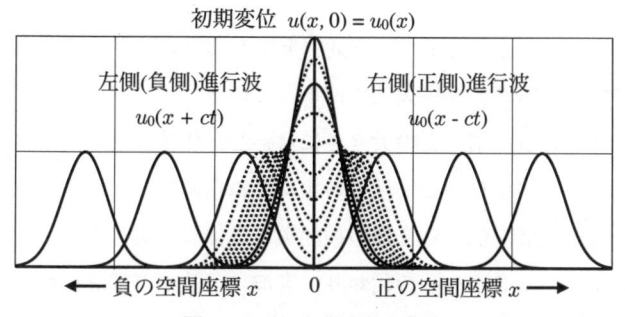

図 4.2 波の初期条件と伝搬

$$v = \sqrt{\frac{\kappa}{\rho_0}} s \qquad [\text{m/s}] \qquad (4.20)$$

と表すことができる。式 (4.20) の結果は音圧だけでなく振動速度もまた凝縮に比例することを表している。このことから音が伝搬するときの媒質の運動 (あるいは位置) エネルギー密度は

$$E_{k_0} = E_{p_0} = \frac{1}{2}\kappa s^2 \qquad [\text{J/m}^3] \qquad (4.21)$$

となって，凝縮あるいは体積弾性率とともに増大する。すなわち凝縮をばねの伸縮，体積弾性率をばね定数と置き換えることによって，波を伝える媒質のエネルギーがばね振動のエネルギーと同形となることがわかる。同時に波が伝わることによって位置と運動のエネルギーは互いに交換されることも理解できるであろう。

音波が伝搬する方向の断面積を $A [\text{m}^2]$ として，振動速度 $v [\text{m/s}]$ に断面積 $A [\text{m}^2]$ を乗じて定義される**体積速度** $q [\text{m}^3/\text{s}]$ を用いれば

$$q = Av = A\sqrt{\frac{\kappa}{\rho_0}} s = Acs \qquad [\text{m}^3/\text{s}] \qquad (4.22)$$

のとおり，単位時間当りの体積変化が長さ $\sqrt{\frac{\kappa}{\rho_0}} = c$ に至る微小部分の体積変化によって表されることが知られる。ここでこの微小部分の長さを音が単位時間に媒質を伝わる距離と解釈できることから

$$\sqrt{\frac{\kappa}{\rho_0}} = c \qquad [\text{m/s}] \qquad (4.23)$$

は**音の速さ**を表すことになる[9]。空気中を伝わる音の速さは音の大きさ，振動数によらず媒質の密度と体積弾性率によっている。

媒質の密度は媒質の慣性力の大きさに対応し，体積弾性率は媒質の弾性力の大きさを表す。この弾性力と慣性力の比はばね振動では固有振動数を表すものであった。自由空間を伝わる音波の振動数にはばね振動における固有振動数のような特徴がない。しかしその代わりに音波には波が空間を伝わるという現象が生じる。

空間を伝わる音の速さはばね定数に対応する媒質の弾性力と媒質の密度に対応する慣性力との比で表される。したがって媒質の密度が大きくても弾性力が大きければ速い音速が得られることになる。

### 4.2.1 音の速さ

空気中を伝わる音の速さは空気の体積弾性率によっている。したがって音速の大きさは音波が空気中を伝わるときの空気内の密度(圧力)の変化過程によっている。音波によって生じる密度(圧力)変化が等温変化であると考えれば体積弾性率が式(3.21)に示したように $k \cong P_0$ と表されるので，音速の大きさは

$$c = \sqrt{\frac{P_0}{\rho_0}} \qquad [\text{m/s}] \tag{4.24}$$

と表される。式(4.24)から $P_0 = 1\,013\,\text{hPa}$，$\rho_0 = 1.29\,\text{kg/m}^3$ として音速を計算するとおおむね $280\,\text{m/s}$ 程度となる。これはニュートンによって計算された音速の大きさとして知られている[2),9),10)]。しかしこの音速の大きさは現代の実験観測値に比較して遅すぎるものである。

文献26)によれば，音速測定の最初の試みはベーコンであろうとされている。これはすでに述べたボイルによる音波が空気中を伝わる実証実験よりさらに遡ることとなる。しかし音速の数値を得た最初の測定例は，おそらくガリレオの影響のもとに実験を行ったフランスの数学者メルセンヌによる $448\,\text{m/s}$ であろうと考えられている[26)〜28)]。ここでは音速は昼夜あるいは風向きを問わず変わらないであろうと推論されていたようである。今日の音速の大きさに近い値が得られたのは，1738年のカッシーニを代表とするパリアカデミーによる大砲の音による観測実験結果 $337\,\text{m/s}$ であろう[2),26),28),29)]。ここにきて音速が風，温度の影響を受けて変化することに言及されている。現在一般に用いられる音速の大きさ $331.6\,\text{m/s}(0\,°\text{C}, 1\,気圧)$ は文献30)によるものである。

ニュートンによる音速値が実測値を下回ったのは，音波が空気中を伝わる過程を等温過程とみなしたことに起因するものであった。ラプラス[31)]，ポアソンは音波が伝わる過程が断熱変化であると想定した。すなわち空気中の局所的な

密度変化によって生じる熱変化が周囲に伝わる速さに比べると，音によって生じる媒質の密度変化の速さは十分に速いと考えられる[32]。その結果，気体の変化過程を断熱変化とすれば体積弾性率は式 (3.23) のとおり

$$\kappa \cong \gamma P_0 \qquad [\text{Pa}] \qquad (4.25)$$

と書き表すことができる。したがって音速の大きさは

$$c = \sqrt{\frac{\gamma P_0}{\rho_0}} \qquad [\text{m/s}] \qquad (4.26)$$

となる。空気の比熱比がすでに 3.2.2 項で言及したように約 1.4 であることから空気中の音速を計算すると約 330 m/s となって，おおむね観測値に近い音速の大きさが得られる。

音速は伝搬する媒質の温度によって変化する。先に式 (3.8) で示した気体の圧力，体積，温度に関するボイル・シャルルの法則と式 (3.9) による気体分子の平均運動速度 $\overline{v^2} = 3RT/M$ を利用すれば音速は

$$c = \sqrt{\frac{\gamma RT}{M}} = \sqrt{\frac{\gamma \overline{v^2}}{3}} \qquad [\text{m/s}] \qquad (4.27)$$

となって気体分子の運動速度の実効値と同程度となる。常温 (15 ℃) における酸素分子 (分子量 32) の運動速度の実効値は約 474 m/s，同様に二酸化炭素分子 (分子量 46) の運動速度の実効値は約 395 m/s である。音速が分子の運動速度の大きさに関係することを考えれば温度とともに音速が上昇することも理解できるであろう。また分子量が小さい気体中ほど音速は速い[22),25)]。

空気中を伝わる音の速さを表す要因は，液体中にも適用することができる。水中を伝わる音の速さは 15 ℃においてほぼ 1490 m/s である。海中でもおおむね 1500 m/s となってほとんど水中と変らない。水中を伝わる音速は水の体積密度を $10^3$ [kg/m$^3$]，体積弾性率を $2.22 \times 10^9$ [Pa] として得られたものである。空気中と比べて水中の音速が速いのは，水の体積弾性率が空気に比べて大きいことによっている。

### 4.2.2 弦を伝わる波の速さ

弦楽器の振動からも知られるとおり弦の振動とともに波は弦の上を伝搬する。本項では弦を伝わる波の速さを考察してみよう。張力 $P$〔N〕，単位長当りの密度 (**線密度**という)$\rho$〔kg/m〕の長い弦があるとしよう。弦の長さ方向を $x$ 軸として，それに直角な方向すなわち弦が振動する方向を $y$ 軸と書き表せば，弦を伝わる波は $y$ 軸方向の振動が $x$ 軸方向に伝わる**横波**である。

振動・波が生じるには，変位をもとに戻そうとする力 (復元力) が必要である。図 4.3 において張力 $P$〔N〕の $y$ 方向成分が弦の変位をもとに戻そうとする力となる。図中の微小区間 $\Delta x (x \sim x + \Delta x)$ に蓄えられる運動エネルギーは弦の($y$ 方向) 振動速度を $v = \Delta y/\Delta t$ とすれば

$$E_k = \frac{1}{2}\rho \left(\frac{\Delta y}{\Delta t}\right)^2 \Delta x \qquad \text{〔J〕} \tag{4.28}$$

と表すことができる。

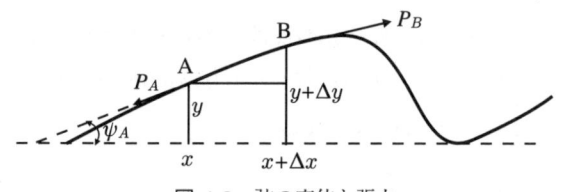

図 4.3 弦の変位と張力

同様に微小区間 $\Delta x$ に蓄えられる位置エネルギーは張力 $P$ に逆らって弦を引き伸ばすのに必要な仕事量から求めることができる。図中で変位 $y$ を示す位置における微小区間 $\Delta x$ の伸び $\Delta l$ を図中の AB 間の長さから求めると

$$\Delta l = \sqrt{\Delta x^2 + \Delta y^2} - \Delta x \cong \frac{1}{2}\left(\frac{\Delta y}{\Delta x}\right)^2 \Delta x \qquad \text{〔m〕} \tag{4.29}$$

と表すことができる。したがって上式 (4.29) の伸びに対する仕事量は

$$E_p = \frac{1}{2}P\left(\frac{\Delta y}{\Delta x}\right)^2 \Delta x \qquad \text{〔J〕} \tag{4.30}$$

となる。

そこで波の伝搬におけるエネルギー保存則に従って運動エネルギーと位置エネルギーを等しいと置けば

$$\left(\frac{\Delta y/\Delta t}{\Delta y/\Delta x}\right)^2 = c^2 = \frac{P}{\rho} \quad [\text{m/s}]^2 \tag{4.31}$$

のとおり弦の振動の伝搬速度を得る。伝搬速度は弦のある位置で観測される伸びの時間変化割合すなわち弦の振動速度と，弦の長さ方向に見た弦の伸びの変化割合すなわち弦を伝わる波の形を表す振動変位勾配との比を示すものである。すなわち仮に振動変位勾配が同一であるとすれば，振動速度の大きさは振動が周囲にいかに速く伝わるかによっている。波の伝搬速度が遅ければ振動は遅くなり，反対に伝搬速度が速ければ振動も速くなる。

波の伝搬速度は弦の張力と線密度によっている。張力を一定とすれば弦が太くなれば伝搬速度は遅くなり，弦の線密度を一定として張力が大きくなれば伝搬速度は速くなる。弦の張力を空気の体積弾性率，弦の線密度を空気の体積密度にそれぞれ対応させると，弦を伝わる波の速さも空気中を伝わる音速と同様の表現となることがわかる。弦の線密度が $0.04\,\text{kg/m}$，張力を $98\,\text{N}$ とすれば，波の伝わる速さはおよそ $50\,\text{m/s}$ となる。

## 4.3 波源と平面波の伝搬

### 4.3.1 平面波の音圧と振動速度

音の伝搬はばね振動の連鎖と同様に空気中のある微小部分が振動することによって生じる。この媒質中のある微小部分の振動が伝搬して生じる音波は，媒質内を伝搬する圧力変化と振動速度によって特徴づけられる。弦を伝わる波のような1次元方向に伝搬する波を**平面波**という。平面波においても位置エネルギーと運動エネルギーが等しいことから音圧と振動速度の間に

$$v = \frac{p}{\rho_0 c} \quad [\text{m/s}] \tag{4.32}$$

なる関係が成立する。平面波の音圧 $p$〔Pa〕と振動速度 $v$〔m/s〕はともに

$$p = \kappa s \qquad \text{〔Pa〕} \tag{4.33}$$

$$v = cs \qquad \text{〔m/s〕} \tag{4.34}$$

のとおり凝縮 $s$ に比例する。

　平面波の音圧と振動速度の関係はニュートンの運動法則，すなわち物体に働く力が物体の質量と加速度の積に比例することから理解することができる。音波が伝わる媒質の微小部分に着目して図 **4.4** に示すように微小部分の断面積を $A$〔m$^2$〕とすれば，微小時間間隔 $\Delta t$ の間に振動する媒質部分の体積は $Ac\Delta t$〔m$^3$〕と考えることができる。ここで $c$〔m/s〕は音速を表す。

　そこで微小時間間隔 $\Delta t$ の間に媒質微小部分に生じる振動速度の変化を式 (4.34) に従って $\Delta v = cs$ とすれば，振動加速度は $\Delta v/\Delta t = cs/\Delta t$ と表すことができる。したがって音圧と振動速度の関係は

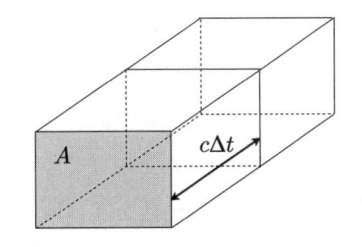

図 **4.4**　音波が伝わる媒質の微小部分

$$pA = \rho_0 Ac\Delta t \cdot \frac{cs}{\Delta t} = \rho_0 Ac^2 s = \rho_0 cvA \qquad \text{〔N〕} \tag{4.35}$$

と表すことができる。この結果，平面波が生じる力は凝縮の時間変化 (加速度) ではなく凝縮 (振動速度) に比例するものとなる。これが平面波が伝わる大きな特徴である。音圧を一定とすれば，音速が速くなるにつれて単位時間当りに振動する媒質の体積が増大して振動速度が小さくなる。反対に振動速度が一定であれば，音速が増大すると音圧も上昇する。

　すでに 3.1.3 項においてわれわれは箱に取り付けられたスピーカの前面 (箱の外側) に生じる音圧変化を考察した。本項では平面波が伝わることを想定して振動板の振動によって生じる振動板前面の音圧変化を考察してみよう。平面波を生成する振動源には図 **4.5** に示すような筒の中に入れられたピストン板の振

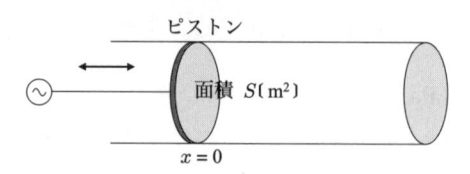

図 4.5 平面波を起こすピストン板の振動

動を考えてみるのがよいであろう[9]）。ピストン板が振動するとピストン板付近の空気粒子もピストン板と等しい速度で運動する。その結果ピストン板が右側(筒内部)へ向かって押し出されると，振動板付近の空気はその振動速度 $v$ に応じて凝縮 $s$(ここでは圧力上昇) が生じる。反対にピストン板が左側へ向かって引き込まれると，振動板付近の空気には振動速度に応じて膨張(圧力下降)が起きることとなる。このようにピストンの振動速度 $v$ に応じて生じる音圧 $p$ は空気の体積弾性率 $\kappa$ を用いて $p = \kappa s = \kappa \dfrac{v}{c}$ と書くことができる。

ピストンの振動数を $f$〔Hz〕として $x$ 軸方向に伝わる正弦波振動で表される平面波を考えよう。音圧は空間座標と時刻によって変化する三角関数によって

$$p(x,t) = A\sin(\omega t - kx) = A\sin\omega\left(t - \frac{x}{c}\right)$$
$$= A\sin\omega(t - \tau) \quad \text{〔Pa〕} \tag{4.36}$$

と表すことができる。ここで $A$ は音波の振幅 (大きさ)〔Pa〕，$\omega = 2\pi f$ は音波の角振動数〔rad/s〕を表す。また $k$ は**波定数**〔1/m〕と呼ばれ

$$k = \frac{\omega}{c} = \frac{2\pi}{\lambda} \quad \text{〔1/m〕} \tag{4.37}$$

なる関係がある。ただし $\lambda$ は音波の**波長**〔m〕を示し，音波の周期〔s〕を $T = 1/f = 2\pi/\omega$ とすれば

$$\lambda = cT = \frac{c}{f} \quad \text{〔m〕} \tag{4.38}$$

である。ここで $\lambda$ はラムダと読む。

式 (4.36) において $\tau$(タウと読む) は音波が伝搬するに要する時間である。音波が $x$ 軸上を正方向に伝わるとすれば，正側に $x$〔m〕離れたところでは $\tau$ 秒遅

れて波が観測される ($kx$ だけ位相が遅れているともいう)。すなわち 1 波長離れた 2 点間の位相差を $2\pi$ [rad] と考えると角振動数 $\omega$, 周期 $T$, 波定数 $k$, 波長 $\lambda$ の間には

$$\omega T = 2\pi = k\lambda \qquad [\text{rad}] \tag{4.39}$$

が成立する。周期が振動の繰り返しを時間間隔 [s] で観測したものであるのに対して,波長は波が伝わる空間方向に観測した波の繰り返し間隔 [m] を表している。

式 (4.36) の平面波の音圧表現から式 (4.32) を用いて振動速度を求めれば

$$v(x,t) = \frac{p(x,t)}{\rho_0 c} = \frac{A}{\rho_0 c} \sin\omega(t - \tau) \qquad [\text{m/s}] \tag{4.40}$$

と表される。平面波の音圧と振動速度は互いに同相である。図 4.6 はある振動数で振動する波が媒質中を伝わるイメージを図示した例である[33]。図の横軸は波が伝わる空間の位置座標を表すものである。そこで空間のある位置に着目して (横軸のある点において) 時間の経過を表す縦軸にそって図を見れば,その空間位置で観測される波の変化を時間を追って見ることができる。このようにして空間の各点で観測される振動を見ると,それぞれが同一の振動数でありながら,位相のずれた振動を繰り返していることが読み取れる。その結果波が媒質中を伝わる時間間隔がそれぞれの部分における振動の位相差として観測されることが理解されるであろう。

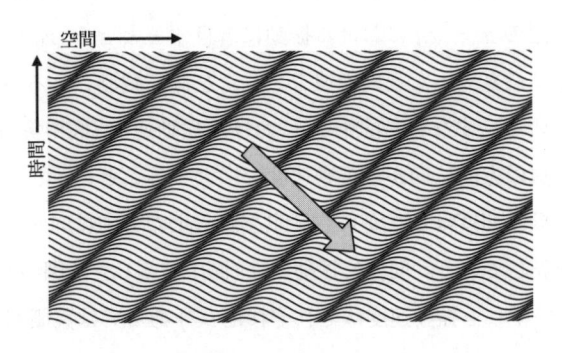

**図 4.6** 平面波が媒質中を伝わるイメージ

図 4.7 は平面波が $x$ 軸方向を正側 (右側) に伝わるとき，ある時刻 (時刻 $t=0$ とする) に観測される振動変位，振動速度，音圧変化を図示した例である[33]。振動変位，振動速度，音圧ともに同一の振動数ならびに波長を有している。しかし振動変位は速度あるいは音圧に対して位相が異なっていることが図から読み取れるであろう。ただしそれぞれの振幅 (大きさ) は等しく図示されている。したがって振動速度に比例する音圧は振動速度と同一の正弦波で表されている。

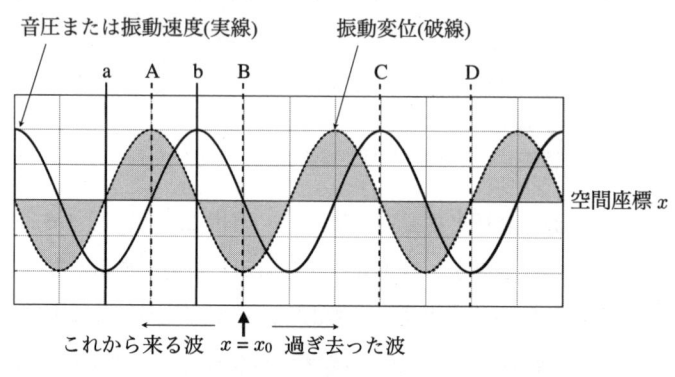

図 4.7　平面波の振動変位・振動速度・音圧変化

図において振動変位と振動速度の関係を眺めてみよう。振動変位 (図中破線) が正 (図中 A) 負 (図中 B) 両側にそれぞれ最大となるとき，いずれも振動速度 (図中実線) は 0 すなわち粒子の振動が止まることを示している。ここで正の振動変位は $x$ 軸の正側に向かう振動変位を表し，負の変位は左側に向かう変位を表している。図の $x=x_0$ における振動に着目すると $x=x_0$ の右側に観測される波はすでに過ぎ去った過去の波を表し，左側に観測される波はこれから来る波を示している。すなわち図中 A における振動速度 (図中実線) はこれから左側すなわち負の方向に向かう振動速度が増大することを示し，反対に図中 B で観測される振動速度はこれから右側すなわち正の方向に向かう振動速度が増大することを表している。同様に振動変位 (図中破線) が 0(図中 C あるいは D) となるとき，いずれも振動速度はそれぞれ正 (C) あるいは負側 (D) に最大となることがわかる。これらの振動速度はそれぞれ正 (C) あるいは負側 (D) をやが

て減少していく。

　平面波の振動速度と音圧は互いに同相である。これはばね振動で明らかにした外力と振動状態の関係でみれば共鳴状態の関係と同一である。自由空間を伝わる平面波の伝搬において共鳴振動数は存在しない。しかし力と振動の関係には共鳴状態の関係を見ることができる。すなわち平面波の伝搬では慣性力と弾性力が常にあたかも共鳴状態あるいは(減衰)自由振動のように釣り合っている。その結果音圧と振動速度が同相となるのである。

　音圧と振動速度がいずれも媒質の凝縮に比例することを思い出せば，媒質の密度変化と振動変位の関係も改めて確認することができる。振動変位(図中破線)が正(図中A)あるいは負(図中B)側にそれぞれ最大となるとき，いずれも密度変化(凝縮)は0(音がないときの媒質の密度)となって粒子の振動は止まることになる。すなわち図中Aにおける密度変化はこれから希薄化が進み，反対に図中Bで観測される密度変化はこれから濃縮に向かうことになる。同様に振動変位が0(図中CあるいはD)となるとき，凝縮は濃縮(C)あるいは希薄側(D)にそれぞれ最大となることがわかる。この密度変化を解消すべく媒質の振動変位が正(C)あるいは負(D)側に増大して，密度変化は濃縮(C)あるいは希薄側(D)から減少していく。

　振動変位が0(音波が到来する以前の位置)(図中a，b)を越えてなお最大変位点(図中A，B)まで到達するのは，振動する媒質の微小部分の質量効果すなわち慣性によるものである。逆に最大点(A，B)から変位が戻り始めるのは媒質の弾性力である。上記のとおりこの慣性力と弾性力の釣り合いによって生じる振動はばねの自由振動と同一である。しかし音の伝搬ではばねの減衰振動と同様にエネルギーを消費する過程が含まれている。この結果，ばね振動において摩擦力と振動速度が比例したように音圧と振動速度が同相となって音波のエネルギーは周囲の静止している媒体を新たに振動させることに費やされることになる。正弦振動のような定常的な平面波を持続するには，音の伝搬により費やされるエネルギーを波源から持続的に加えることが必要である。

### 4.3.2 音の大きさと音圧レベル

媒質中に生じる局所的な密度変化は圧力変化を伴う音波 (**縦波**) となって伝搬する。本項では音波の振動の大きさについて考えてみることとしよう。人間が知覚できる最も小さい音の大きさ (**最小可聴音圧**) はどれくらいであるだろうか？という問いに答えるのは容易ではないことであった。そのような小さな音の推定が行われたのは 1877 年のレイリーによる実験であろうといわれている[9]。

最小可聴音圧は今日ではおよそ $2 \times 10^{-5}$ 〔Pa〕であるとされている。この音圧の大きさがおよそどの程度の振動変位の大きさに相当するかを以下に計算してみよう[9]。空気中を伝わる平面波をある位置にて観測したとき，その振動変位 $u(t)$，振動速度 $v(t)$，音圧 $p(t)$ を

$$u(t) = A\cos(\omega t) \quad \text{〔m/s〕} \tag{4.41}$$

$$v(t) = -\omega A \sin(\omega t) \quad \text{〔m/s〕} \tag{4.42}$$

$$p(t) = \rho_0 c v(t) \quad \text{〔Pa〕} \tag{4.43}$$

と表そう。上記の最小可聴音圧の大きさは音圧の実効値を意味している。そこで正弦振動する音圧において，その自乗値の一周期にわたる平均値を計算してその正の平方根をとれば

$$\sqrt{\overline{p^2}} = \frac{1}{\sqrt{2}} \rho_0 c \omega A \quad \text{〔Pa〕} \tag{4.44}$$

が得られる。ここで $\overline{p^2}$ は音圧 $p(t)$ の 1 周期間にわたる $p^2(t)$ の平均値を計算することを意味している。したがって最小可聴音圧〔Pa〕に対応する振動変位の実効値〔m〕を求めると

$$\frac{A}{\sqrt{2}} = \frac{1}{1.3 \times 340 \times \pi} \times 10^{-8} \sim 7 \times 10^{-12} \quad \text{〔m〕} \tag{4.45}$$

となる。ただし $\rho_0 = 1.3\,\text{kg/m}^3$, $c = 340\,\text{m/s}$, 音波の振動数を $1\,000\,\text{Hz}$ とする。人間はこのような微小な振動を音として知覚する。

音圧の大きさは音圧変化の実効値に加えて，付録に述べるようなデシベル計算によって音圧レベル〔dB〕で表される。音圧レベルの計算では上記の最小可

聴音圧を $0\,\mathrm{dB}$ と定義する．すなわち音圧の実効値を $P\,[\mathrm{Pa}]$ とするとき，その音圧レベル $L_p\,[\mathrm{dB}]$ は最小可聴音圧 $P_0 = 2 \times 10^{-5}\,[\mathrm{Pa}]$ を用いて

$$L_p = 10 \log_{10} \frac{P^2}{P_0^2} \qquad [\mathrm{dB}] \tag{4.46}$$

と定義される．

### 4.3.3 平面波を伝えるエネルギー

図 4.5 に示したように平面波を起こす振動源として，ピストン板の振動を再び取り上げよう．ピストン板が振動するとき（すなわちピストンが前面にある空気を運動させるとき），ピストンが空気に対して単位時間当りになす仕事量 $W_P\,[\mathrm{W}]$ はピストンの振動速度を $v\,[\mathrm{m/s}]$，ピストン板の面積を $S\,[\mathrm{m}^2]$，ピストン面上に生じる圧力を $p\,[\mathrm{Pa}]$ とすれば

$$W_P = pSv \qquad [\mathrm{W}] \tag{4.47}$$

と表される．

平面波の単位体積当りの位置と運動のエネルギー両者の和を $E_p + E_k = E$ としよう．このエネルギー和 $E\,[\mathrm{J/m^3}]$ は音波が伝わる媒質の単位体積当りの音響エネルギーすなわち**音響エネルギー密度**とも呼ばれている．そこでピストンの振動速度をピストンに接する空気の振動速度と考えて，平面波のエネルギーに

$$E_p = \frac{1}{2}\kappa s^2 = \frac{1}{2}\frac{p^2}{\rho_0 c^2} = \frac{1}{2}\rho_0 v^2 = E_k = \frac{1}{2}E \qquad [\mathrm{J/m^3}] \tag{4.48}$$

なる関係があることを用いれば，ピストンが単位時間当りになす仕事量は

$$W_P = pSv = \rho_0 v^2 cS = EcS \qquad [\mathrm{W}] \tag{4.49}$$

と表される．

式 (4.49) はピストンが単位時間当りになす仕事量が $cS$ なる体積中に存在する平面波の全エネルギーに等しいことを表している．平面波が音速で伝搬するとき，毎秒当り体積 $cS$ 内にある静止した空気を新たに振動させることによりエネルギーを消費する．その消費エネルギーをピストンから注入することに

よって平面波が持続して伝搬することとなる。上記の式 (4.49) から導かれる $Ec = pv$〔W/m²〕を**平面波の音響エネルギー流密度**という。音響エネルギー密度 $E$ をもつ波が単位時間に音速 $c$ に相当する距離を進むとき，$Ec$ で表される音のエネルギーが空間を流れると理解しよう。そうすれば単位時間に単位面積当りに流れる音のエネルギーを表すものが音響エネルギー流密度である。

### 4.3.4 速度駆動音源と平面波の伝搬

音を出している源を**音源**という。図 4.5 に示したピストンの運動を $x = 0$ において波面の断面積 $S$〔m²〕，角振動数 $\omega$ で正弦振動を繰り返す体積速度 $q = Q_0 \cos \omega t$〔m³/s〕をもつ音源と考えなおしてみよう。このような音源を**速度駆動音源**と呼ぶ。音源から出て $x$ 軸方向をピストンの右側に伝搬する平面波の振動速度 $v$〔m/s〕は

$$vS = \frac{1}{2}Q_0 \cos(\omega t - kx) \qquad [\text{m}^3/\text{s}] \tag{4.50}$$

と表される。このとき音源から右方向へ $+x$〔m〕離れた位置における音響エネルギー密度の一周期にわたる時間平均値 $E_R$〔J/m³〕は

$$E_R = \rho_0 \overline{v^2(x,t)} = \frac{1}{8}\rho_0 \frac{Q_0^2}{S^2} \qquad [\text{J}/\text{m}^3] \tag{4.51}$$

となって，音源におけるエネルギー密度の時間平均値

$$E_0 = \frac{1}{2}\rho_0 \overline{v^2(0,t)} = \frac{1}{4}\rho_0 \frac{Q_0^2}{S^2} \qquad [\text{J}/\text{m}^3] \tag{4.52}$$

に比べて 1/2 となって空間の位置座標によらず等しい値となることがわかる。

空間によらないエネルギー密度の均一性は 1 次元方向に伝わる平面波の特徴である。すなわち音源から左右に半分ずつ音のエネルギーが伝わると，エネルギーは音源からの距離さらには音源の振動数によらず一定である。

## 4.4 波の速さと音の放射

平面波が空間を伝わる現象は 1 次元方向に広がる媒質以外に，広い空間を伝

わる波にも観察することができる。振動する壁面から音が広い空間へ伝わるときには，振動する音源から音が放射される仕組みを音が伝わる速さという視点から考察することができる。

### 4.4.1 振動体からの音の放射

図 4.8 に示すように媒質中のある平面を速さ $c_b$ [m/s]，波長 $\lambda_b$ [m] で振動が伝わる (横波) 振動体があるとしよう。振動体に接する媒質は振動体の振動速度 $v$ [m/s] と等しい速度で振動体と同時に振動する。その結果振動体の振動から空間へ放射される平面波は図のように波長 $\lambda$ [m]，音速 $c$ [m/s] をもって伝わると考えることができる。

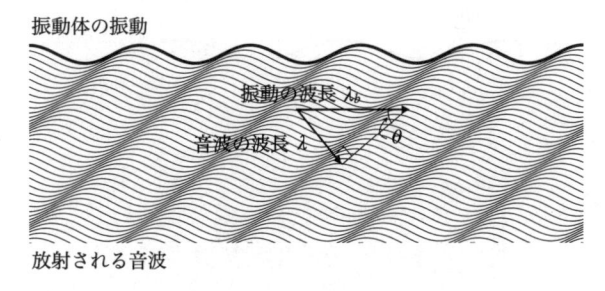

**図 4.8** 振動体からの音の放射

そこで図中に示す二つの波長の関係に着目してみることにしよう。まず振動体を伝わる波の波長が媒質を伝わる波長に比べて長いとしてみよう。図に示すとおり上記二つの波長によって直角三角形を作ることができる。この直角三角形が作る三角比に着目すれば

$$\sin \theta = \frac{\lambda}{\lambda_b} = \frac{c}{c_b} \tag{4.53}$$

なる関係が成立する。振動体から波が放射されるためには波の波長が上式 (4.53) の三角比で表される関係を満足することが必要である。すなわち図中の直角三角形に見るとおり，振動体を伝わる波長 $\lambda_b$ [m] (音速 $c_b$ [m/s]) は媒質中を伝わる波の波長 $\lambda$ [m] (音速 $c$ [m/s]) に比べて $\lambda_b > \lambda (c_b > c)$ であることが振動が音を放射する条件である。

反対に振動の波長が媒質中の音の波長より短いときを想定してみよう。図 4.8 のような直角三角形がもはや構成されないことから、振動は媒質中へ音を放射することはない。その結果音を空間に伝えるために振動のエネルギーが消費されることもない。媒質中の振動体が振動するとき振動体表面上の媒質には圧力変化 (音圧) が生じる。この圧力変化、すなわち音圧は媒質中を音速 $c$ で伝搬する。図 4.9 に示すように振動面上を伝わる振動の伝搬速度が媒質中の音速より遅ければ、振動体の振動によって振動面上に生じる音圧は、媒質中を先回りしてきた周囲の音圧に打ち消されてしまうことになる。このように振動体が音波を放射するには、振動の伝搬速度と媒質中の音速の関係が重要となる。

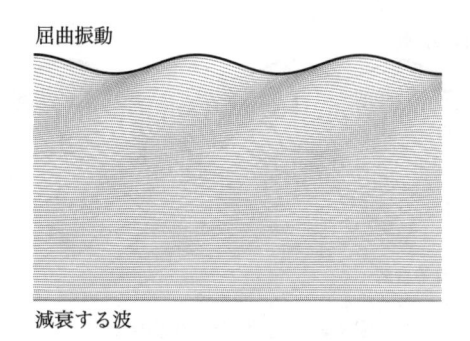

屈曲振動

減衰する波

図 4.9　音が周囲へ伝わりにくい振動のイメージ

振動の伝搬速度が媒質中の音速を超えると、振動体から周囲の媒質中を遠くまで伝わる音波が作られる。隣接する二つの室内を仕切る壁の表面を伝わる振動を小さくしても室内間に伝わる騒音の大きさが小さくならない要因には、式 (4.53) に基づく音波の放射条件によるところが隠れている。壁面を伝わる振動の振幅が小さくても音を放射しやすい振動であれば、壁の振動から室内に音が伝えられることになる。反対に振動の大きさが大きくてもその振動が式 (4.53) が定義する三角比を形成しない振動であれば、室内に音が伝わりにくい振動となる。

## 4.4.2 移動音源による音の放射と衝撃波

前項で述べたように振動体を伝わる波長 $\lambda_b$ [m]（音速 $c_b$ [m/s]）が媒質中を伝わる波の波長 $\lambda$ [m]（音速 $c$ [m/s]）に比べて長く（速く）なると，振動体から音が放射される。この振動体を振動が伝わる速さを音源が移動する速さとみなすと，音が放射する条件を衝撃波が生成される条件として解釈することもできる。船が進むとき船の速度が水面を伝わる波の速さより速くなると水面上を遠くまで伝わる波の波面が形成される。これは前項で述べた振動による音の放射として解釈することができる。

音の速さより速く移動する音源があるとしよう。ここでは平面波に代わって後に8章で述べる球面波の概念によって波の生成を考えてみよう。波面が平面ではなく球面となって伝わる波を**球面波**と呼ぶ。図 **4.10**(a) に示すように $x_1$ にある音源から放射される球面波は，音源が $x_2$ まで移動する間に移動距離より小さな半径 $r_1$ の球面上に広がる。そのとき $x_2$ から新しい波面が再び生成される。その新しい波面は音源が $x_3$ まで進む間にやはり移動距離より小さな半径 $r_2$ の球面上に広がる。

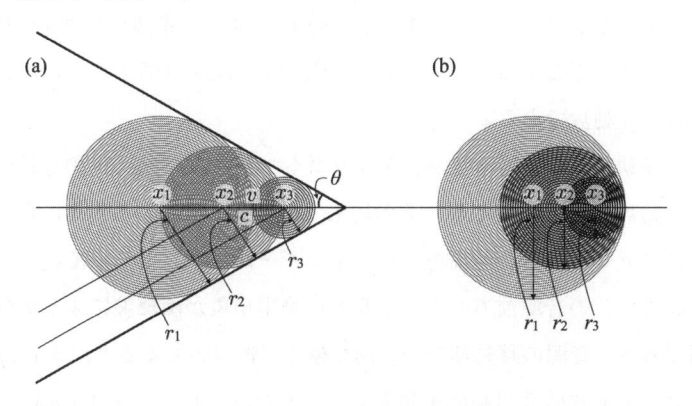

図 **4.10** 衝撃波による波面の生成

この波面の広がりが音源の移動に伴って連続的に進み，その結果図 4.10(a) のような音源から出る共通接線を有する球面波の集まりが作られる。音源の移動速度を $v$ [m/s]，媒質中の音速を $c$ [m/s] とすれば，図から

$$c = v \sin\theta \qquad [\mathrm{m/s}] \tag{4.54}$$

が成立する。すなわち音源が媒質中の音速より速く移動すると，移動する音源の後方 (円錐状) に図のような波面が作られる。この結果音は移動する音源の後方に広い範囲で伝わることになる[34),35)]。

反対に音源が音速よりも遅い速さで移動するとしよう。同図 (b) のように音源から発せられる音波が球面波となって球面状に広がるとすれば，波面の間隔は音源前方で狭まり，後方で広がる[34)]。その結果，音源前方で音のエネルギー密度が高く後方で密度が低くなる音の分布が作られる。同時に前方では音の振動数が上昇し後方では下降する。これは**ドップラ効果**とも呼ばれている。ドップラ効果は救急車が非常走行を知らせる音を想像してみれば理解されることである。すなわち救急車が近づくと音の高さが上昇し，反対に遠ざかると音の高さは低下する。この音の振動数の変化は

$$f = \frac{1}{1 - \dfrac{v}{c}} f_0 \qquad [\mathrm{Hz}] \tag{4.55}$$

と書き表すことができる。ここで $v\,[\mathrm{m/s}]$ は移動する音源の速度 (音源が近づいて来るときを正とする)，$c\,[\mathrm{m/s}]$ は音速，$f_0\,[\mathrm{Hz}]$ は静止している音源が放射する音の振動数である。

しかし移動音源の移動速度が音速に近づくと上記の式 (4.55) の分母が小さくなって振動数変化は増大する。その結果，図 4.10(b) に示すように音源移動速度が音速に近づくほど音源前方へのエネルギーが集中してやがて極大に達することとなる。この音源前方へのエネルギー集中現象が**衝撃波による衝撃音**を作る要因である。音源の移動速度が音速を越えて近づいてくると，式 (4.55) の分母は負となって式の適用範囲を超えることとなる。しかし図 4.10(a) で言及したように音速を越えて移動する音源から発生される音波は衝撃波となって，音源前方に伝わることなく音源後方円錐状に広く波面を形成する。その結果音速を超えて移動する移動音源は前方には無音で近づいてくることとなる。そして音源が通り過ぎた瞬間から式 (4.55) の速度 $v$ の符号が負となって，音の高さは

急激に低下していくことになる。

　前節で述べた振動体からの音の放射からも類推されるように，移動音源から離れたところへ広く音が伝わるには移動音源は音速を超える速さで移動することが必要となる。このことから車に代表されるような移動音源が目の前を通り過ぎると，すぐに車から発生される騒音が小さくなることも想像できるであろう。音源が音速を超えて目の前を通り過ぎれば，音源から放射される音波は遠方へ広く伝わることとなる。音源が振動を繰り返しても大きさが小さい音源からは低い振動数の音が伝わりにくい。音源が大きくなると音源の移動速度が速くなることに対応すると考えてみると，大きな音源による音の放射のしやすさが想像できるようにも思われる。

# 5 弦を伝わる振動と波

弦さらには細長い管内のような 1 次元方向に広がる振動体は，楽器の発音体として掛け替えのないものである．これは発音体の基本振動数とその整数倍の振動数からなる倍音の存在が，楽器に不可欠であることに起因する．弦を伝わる波の共鳴現象に関する考察は古くピタゴラス，ガリレオに遡る．本章では長さの長い弦に続いて有限な長さをもつ弦の振動をとりあげ，その固有振動数を考察する．波は伝わる媒体が変化するところでは反射という現象を起こす．長さの有限な弦の振動では弦の両端で波が反射を繰り返すことから，波が弦を往復することによって複数の振動数で共鳴現象を引き起こす．その結果基音と倍音を伴う振動が生じる．

## 5.1 長い弦を伝わる波

### 5.1.1 初期変位が伝わる波

図 5.1 に示すように弦の一部をつまみ上げ，静かに放した後に伝わる波を考えてみよう．弦の初期変位 (初期の変形) は図のように形と大きさが等しい二つの部分に分割される．変位の中央部分の山が徐々に減少するにつれて大きさが半分となった山が左右に伝わっていく．

座標を $x$ で表す 1 次元方向に広がる弦において，その一部分 $(-R < x < R)$ に生じている初期変位 (**初期条件**ともいう) を

5.1 長い弦を伝わる波

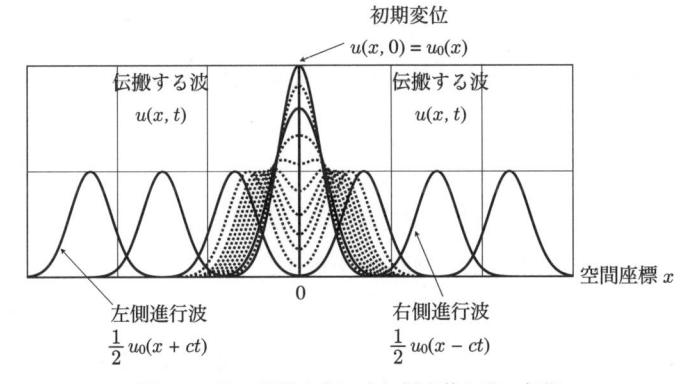

図 5.1 弦の振動を起こす初期変位と波の伝搬

$$u(x,0) = \begin{cases} u_0(x) & \text{[m]} \quad (-R < x < R) \\ 0 & \text{[m]} \quad (\text{その他}) \end{cases} \tag{5.1}$$

$$v(x,0) = 0 \quad \text{[m/s]} \tag{5.2}$$

としよう。この初期条件は弦を静かに弾く (初期速度 $v(x,0) = 0$) ハープのような楽器の発音条件に近いものと考えられるであろう。初期変位 $u(x,0)$ は弦に沿って左右に

$$u(x,t) = \frac{1}{2}(u_0(x-ct) + u_0(x+ct)) \quad \text{[m]} \tag{5.3}$$

に従って伝搬する。図 5.1 に示すように右辺第 1 項は伝搬速度 $c$ で弦を右 ($x$ 軸の正方向) に伝わる波,同様に第 2 項は左 ($x$ 軸の負方向) に伝わる波を表している。

### 5.1.2 初期速度が伝わる波

前項の初期条件に代わって,弦を瞬時に叩くピアノの発音に近い初期条件は初期の振動速度 $v(x,0)$ と振動変位 $u(x,0)$ を用いて

$$v(x,0) = \begin{cases} v_0(x) & \text{[m/s]} \quad (-R < x < R) \\ 0 & \text{[m/s]} \quad (\text{その他}) \end{cases} \tag{5.4}$$

$$u(x,0)=0 \quad [\mathrm{m}] \tag{5.5}$$

と表される。この初期条件を満足する弦の振動変位は，図 **5.2** に示すとおり

$$u(x,t) = \overline{v_0(x)} \cdot t \quad [\mathrm{m}] \tag{5.6}$$

と表される[8]。ここで $\overline{v_0(x)}$ は振動変位を観測する弦の位置を $x$ とするとき $x-ct$ から $x+ct$ の間の平均初期速度を表す。

図 5.2 は仮想的に弦の一部に集中して作用する初期速度から伝搬する振動を表す図例である。波が伝わる区間 $\pm ct$ にわたる平均初期速度の影響が振動変位に転化されて現れる[3]。伝搬速度が速くなれば平均区間も長くなり，伝搬速度が遅くなれば平均区間も短くなる。時間の経過とともに初期速度から転化された振動変位が伝わる範囲も $ct$ の範囲に広がる。そして振動変位は波が通りすぎて弦の振動速度が 0 となった後も消滅することはない。波が弦上を通りすぎた痕跡とでも解釈されるものであろう[36]。

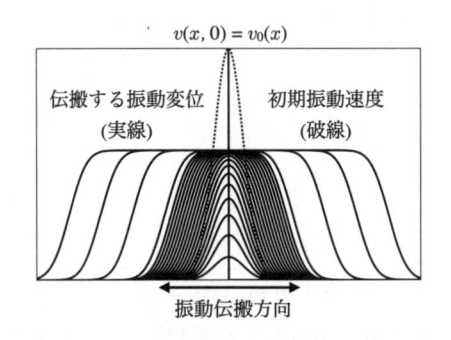

図 **5.2** 弦の振動を起こす初期速度と波の伝搬

### 5.1.3 初期条件と波の伝搬

前項二つの初期条件を組み合わせた初期条件，あたかもピッチカートのような発音条件のイメージにも近いと思われる条件は

$$u(x,0) = \begin{cases} u_0(x) & [\mathrm{m}] \quad (-R < x < R) \\ 0 & [\mathrm{m}] \quad (その他) \end{cases} \tag{5.7}$$

$$v(x,0) = \begin{cases} v_0(x) & \text{[m/s]} \quad (-R < x < R) \\ 0 & \text{[m/s]} \quad (その他) \end{cases} \quad (5.8)$$

による伝搬は，振動変位と振動速度それぞれ

$$u(x,t) = \frac{1}{2}(u_0(x-ct)+u_0(x+ct)) + \overline{v_0(x)}t \quad \text{[m]} \quad (5.9)$$

$$\begin{aligned}v(x,t) &= \frac{1}{2}c(u_{0_x}(x+ct)-u_{0_x}(x-ct)) \\ &\quad + \frac{1}{2}(v_0(x+ct)+v_0(x-ct)) \quad \text{[m/s]} \quad (5.10)\end{aligned}$$

と表される[3),8),9)]。ここで，$u_{0_x}(x+ct), u_{0_x}(x-ct)$ はそれぞれ $u_0$ の $x$ 座標に関する偏微分を表すものである。

弦の振動変位で見れば，初期変位は半分づつ左右に分かれて両側に速度 $c$ で伝わっていく。また初期速度から変位に転化される部分は波が伝わる区間にわたる平均初期速度の影響が現れる。同様に弦の振動速度で見れば初期速度は左右に半分づつ伝わり，初期変位の傾き(変位の形状に依存する変位勾配)$u_{0_x}(x)$ が伝搬速度倍されてそれぞれ半分づつ左右に逆符号で伝わることになる。ここで変位勾配が伝搬速度倍されるのは，4.1.2 項で述べたように伝搬速度が振動変位の時間変化(振動速度)と空間変化(変位勾配)の比を表すものであったことを思い出せば理解されるであろう。

与えられた初期変位あるいは初期振動速度は式 (5.9)，(5.10) に示されるとおり左右に分かれて伝わっていく。しかし観測される振動変位(振動速度)は初期変位(速度)に初期速度(変位)から転化した振動変位(速度)が加算されたものである。その結果例えば振動変位で見れば，初期の振動速度から転化される振動変位と初期振動変位の影響が互いに相殺して一方向のみへ波が伝搬することもある。図 **5.3** は波が一方向に伝わる図例である。初期振動速度から転化される振動変位が片方に伝わる振動変位を相殺する。この波のイメージは一方向に伝搬する水波のようにも思えるであろう[37)]。

76　5. 弦を伝わる振動と波

図 5.3　一方向に伝わる波

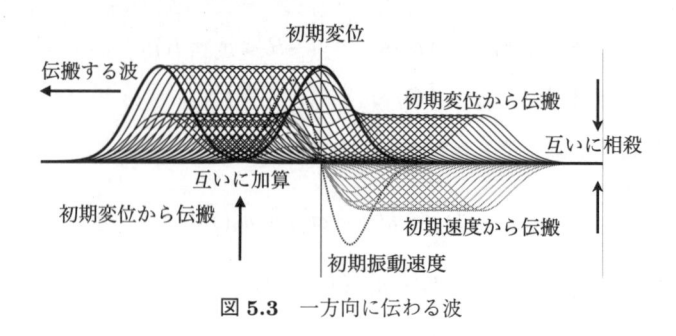

## 5.2　有限な長さをもつ弦を伝わる波

前節では振動を起こす初期条件と長い弦を伝わる波を考察した。しかし弦の長さが有限であれば波はやがて弦の端にたどりつく。端にたどりついた波は反射波となってまた戻っていく。本節では端のある有限な長さの弦の振動に着目しよう。われわれは弦の端の条件 (これを**境界条件**という) と弦振動の**定在波**という概念に遭遇する。

### 5.2.1　一端が固定された弦と反射波

図 **5.4** に示すような一端が固定された弦の振動を考えよう。固定端を $x=0$ として弦はこの点から左側 ($x$ の負側) に無限に続いている。このような弦を伝わる波をすでに述べた式 (4.16) と同様に

$$u(x,t) = f(ct-x) + g(ct+x) \quad \text{〔m〕} \tag{5.11}$$

と表そう。右辺第 1 項は伝搬速度 $c$ で弦を右 ($x$ の正側) に伝わる波 (右側進行波)，同様に第 2 項は左 ($x$ の負側) に伝わる波 (左側進行波) を表している。すなわち第 2 項の左側進行波は，$f(ct-x)$ で表される右側進行波に対する**反射波**を表すものとなる。

式 (5.11) の表現において関数 $f$ あるいは $g$ の形は決まっているわけではない。このことはどんな形をした波であっても弦を伝わることを意味している。

## 5.2 有限な長さをもつ弦を伝わる波

どんな形をした波であっても波が伝わるという現象をとらえることは，波形上のある一点が進む軌跡を思い描くことでもあろう。上記の関数 $f$ あるいは $g$ が変数とする $ct-x$ あるいは $ct+x$ が等しいところでは，それぞれの関数の値は一定である。すなわち式 (4.16) において述べたように関数の値が一定となる時刻 $t$ あるいは空間座標 $x$ の変化を追跡すれば波の伝搬を理解することができる。そこで $ct-x$ を
変数とする関数 $f$ で表される波の伝搬を考えてみよう。位置座標 $x$ を固定してみると，変数 $ct-x$ の値は時間 $t$ の経過とともに増大する。したがって変数 $ct-x$ の値が一定となるように $x$ の値を追跡してみれば，位置座標 $x$ は時間とともに増大することになる。その結果波は $x$ の増大する方向すなわち右側へ進行することになるのである。左側に進行する波も同様にして理解できるであろう。

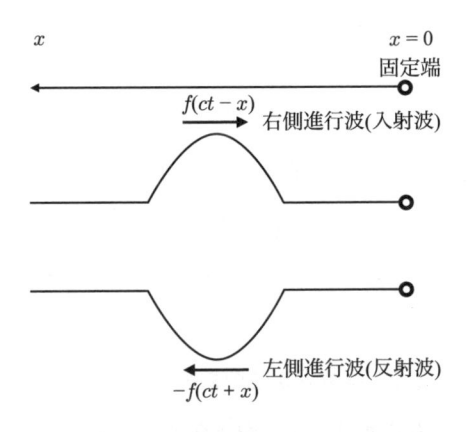

図 5.4 一端が固定された弦の振動

しかし読者は波の形を表す関数の変数が $x-ct$ あるいは $ct-x$ のどちらでもよいのであろうか？ という疑問を抱いているかと思われる。それらの変数はいずれを用いても波の表現に本質的な違いが生じることはない。変数 $x-ct$ を用いて表す波の表現は，位置座標 $x$ にて現在観測されている波は原点 $x=0$ を今から何秒前に出発した波であるかという視点に立った波の表現である。一方変数 $ct-x$ による波の表現は，原点 $x=0$ にて観測されている波は今から何秒後に位置座標 $x$ にて観測されるかという見方から波を表すものである。

上記に定義した式 (5.11) の第 1 項ならびに第 2 項をそれぞれ図の境界 ($x=0$) に対する入射波，反射波と呼ぶことにしよう。反射波は弦の端の境界条件を満

たすように生じるものである。弦が固定されていることを表す境界条件は，弦が端では動かないことすなわち端における振動変位が 0 となって $u(0,t) = 0$ と表される。このことから反射波は図 5.4 に示すように $g(ct+x) = -f(ct+x)$ と表される。その結果弦を伝わる振動変位は

$$u(x,t) = f(ct-x) - f(ct+x) \quad [\text{m}] \tag{5.12}$$

と表される。固定端に入射してきた波は形を変えることなく符号のみが逆転した波 (反射波) となって再び戻っていく[9]。

### 5.2.2 両端固定弦の振動

両端固定された弦の振動を考えよう。両端が固定された弦の振動に関する考察はピタゴラスに遡る[2]。ピタゴラス学派は 1，2，3，4 という長さの比をもった弦から出る二つの音がよく協和するということを知っていたと言われる。現代の音楽理論においてもこのピタゴラスの協和条件が継承されて弦の長さの比が 1：1 は同音，1：2 はオクターブでいずれも**絶対協和音**とされ，2：3 は 5 度，3：4 は 4 度で**完全協和音**とされている。

この協和理論を実験観察の視点から，弦の長さではなく弦の振動数の比すなわち振動の周期性に基づくものであることを明らかにしたのはガリレオである。ガリレオの考察については新科学対話の第 1 日目の最後にその詳細を見ることができる[6]。そこでは「空気を伝わって広がり，耳の鼓膜に刺激を与え，人間の頭脳によって音に翻訳されるものはこの空気の波である」という記述にまず気づく。ガリレオは弦の長さに加えて張力，密度を変える

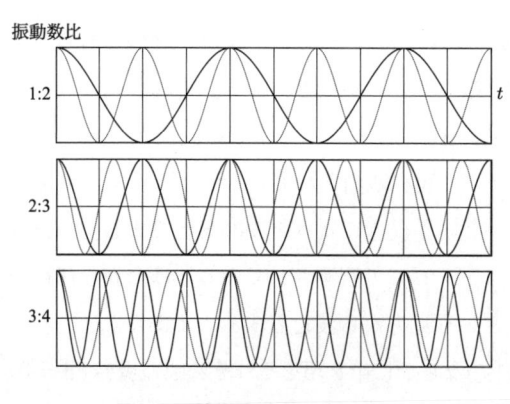

図 5.5 協和音となる振動の例

ことでも音の高さが変化することから，弦の長さの比に代わって振動数 (鼓膜を打つ空気波の脈動の数) の比に着目するに至る。

図 5.5 から読み取れるように，振動数比 1 : 2 をもつ一組の振動では，高い振動数を有する第 2 の振動 (点線) は 2 回の周期に 1 回の割合で第 1 の振動 (実線) と一致する。同様に振動数比 2 : 3 をもつ組では，第 2 の振動は 3 回に 1 回の割合で第 1 の振動と一致し，振動数比 3 : 4 では 4 回に 1 回の割合で一致する。

ガリレオは振動数の異なる一組の振動が互いに一致して鼓膜を刺激する割合の多少によって音の協和性が変化すると考察した。このことから不協和音の例として振動数比が無理数となる一組の振動に言及する。このような考察と並んで弦の共鳴現象に議論は及んでいる。

長さ $L$〔m〕をもつ弦の振動変位を

$$u(x,t) = f(x-ct) + g(x+ct) \qquad 〔m〕 \qquad (5.13)$$

から出発して考察してみよう。弦の初期変位を $u(x,0) = u_0(x)$，初期振動速度を $v(x,0) = 0$ とすると，これら二つの初期条件から弦を伝わる振動変位は

$$u(x,t) = \frac{1}{2}\left(u_0(x-ct) + u_0(x+ct)\right) \qquad 〔m〕 \qquad (5.14)$$

と表される。ここで弦の両端が固定され，弦の長さが $L$〔m〕であることを考慮すれば

$$u(0,t) = \frac{1}{2}\left(u_0(-ct) + u_0(+ct)\right) = 0 \qquad 〔m〕 \qquad (5.15)$$

$$u(L,t) = \frac{1}{2}\left(u_0(L-ct) + u_0(L+ct)\right) = 0 \qquad 〔m〕 \qquad (5.16)$$

のとおり，振動を表す関数式 (5.14) は $2L$ を周期とする奇関数に拡張された $u_0$ によって表されることがわかる。

### 5.2.3 波の図解

前項より弦の振動を図解によって想像することができる。図 5.6 は初期変位が初期振動速度 0 のもとに弦を伝わる波 (振動変位) を計算した例である。すなわちこの振動は 5.1.1 項で述べたハープ形の発音条件に対応するものである。弦

## 5. 弦を伝わる振動と波

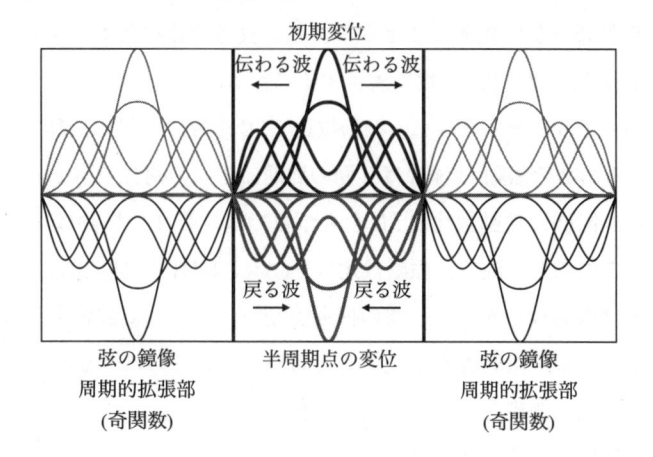

初期変位
伝わる波　伝わる波
戻る波　戻る波

弦の鏡像
周期的拡張部
(奇関数)

半周期点の変位

弦の鏡像
周期的拡張部
(奇関数)

図 5.6　初期変位が与えられた両端固定弦の自由振動

の初期変位は無限に長い弦を伝わる波と同様に左右半分づつに分かれて伝搬した後，端に達して反射波となって戻ってくる。この端に向かう波と端から戻る波が重なって図のような振動が弦を伝わる。波が弦を往復する時間(周期)を経過した後には振動は周期的に繰り返されることになる。

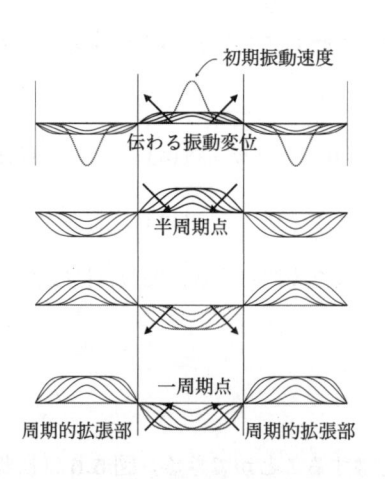

初期振動速度
伝わる振動変位
半周期点
一周期点
周期的拡張部　周期的拡張部

図 5.7　初期速度が与えられた両端固定弦の自由振動

上記の計算では弦の境界条件の影響は初期変位を奇関数として弦の境界を越えて拡張することによって表されている。このように境界の影響を奇関数(あるいは偶関数のこともある)に拡張することによって表現する考え方は**鏡像の原理**とも呼ばれている。

鏡像の原理に従って境界を越えて弦の範囲を拡張すれば，5.1.2 項で述べたピアノ形の発

音条件に対する弦の振動も解析することができる。図 **5.7** は図 5.2 で示したように一点に集中加振された初期振動速度から弦を伝わる波 (振動変位) を計算した例である。図は弦の境界の影響を奇関数として拡張することによって表したものである。ここでも振動は周期的に繰り返す。図中の矢印は時間とともに振動が変化する順序を示すものである。

## 5.3 弦の自由振動

これまで述べたような初期外力を取り去った後に観測される弦の振動をばね振動と同様に弦の**自由振動**という。両端固定弦の自由振動はいずれも周期的な振動であった。振動の周期性に着目すると弦の基本振動数とその倍音，固有振動の形 (定在波) にたどりつく。

### 5.3.1 弦の発音条件

弦楽器の発音は弦の自由振動を基本原理とするものである。弦の自由振動を起こす発音条件には 5.1 節でも述べたようなハープ形あるいはまたピアノ形と呼ぶものがある。弦楽器の代表とも思われるヴァイオリンのような弓で演奏する楽器の発音条件も，自由振動の組合せでその概略を理解できる。ここでも文献 8) および文献 38) を参照してその機構を概説しよう。

図 **5.8** は弓奏による弦振動の概念図である[8]。弦振動は減衰する自由振動の繰り返しとなっている。ここで自由振動が生じる要因は弓で引っ張られた弦が伸びるにつれて復元力が上昇し，図中 $u_0$ まで変位が到達すると弦の復元力は弓が弦を捕まえておく力 (弓と弦の静止摩擦力) を越える大きさに達する。その瞬間から弦は弓をはずれて自由振動を開始する。この自由振動は上記の静止摩擦力よりは小さい弓との運動摩擦力のもとに減衰振動を続け，やがてその振動変位は図中の $-u_1$ に達する。このような振動変位の減少とともに自由振動の源となる弦の復元力は，弓との運動摩擦力を下回る大きさとなって自由振動は停止するに至る。ここで弦は再び弓との静止摩擦力によって弓にとらえられ，図

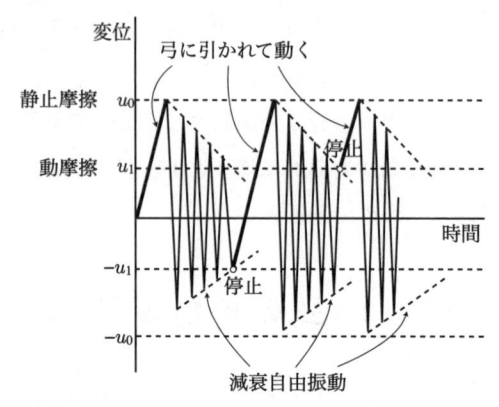

図 5.8　弓奏による弦振動の概念図 (文献 8) 図 2.35)

中 $u_0$ の位置まで再度戻されることになる．こうして弦の減衰振動が繰り返すこととなる．振動体と外力との摩擦によって生じる発音には，弦の振動以外にもガラスコップの上縁を濡れた指先で軽くこすると生じる発音現象がある[12),39)]．この現象はフランクリンによる発見と伝えられる[2)]．

### 5.3.2　基本周期と倍音

弦の長さを $L$ [m]，波の速さを $c$ [m/s] とすれば，初期変位 (あるいは初期速度) が伝わる波を表す $f(x \pm ct)$ (あるいは $g(x+ct)$) は $2L$ を周期とする周期関数であった．この周期性から $ct = 2L$ を満足する時間 $t$ を求めると $t = 2L/c = T$ が得られる．すなわち波は周期 $T$ [s] を有する周期振動となる．このことから前項における波の図解においても，周期的に繰り返す振動が観測できたわけである．

周期振動はどの値を見ても同一の時間間隔 (周期 $T$) で繰り返す波形を表している．このとき周期の逆数で表される振動数 $F = 1/T$ [Hz] を**基本振動数**(あるいは**基本周波数**) と呼ぶ．同様に基本周期の $1/n$ の周期の逆数で表される振動数 $F_n = n(1/T) = nF$ [Hz] を $n$ **倍音**と呼ぶ．ここで $n$ は 2 以上とする．基本振動数をもつ振動を**基音**とも呼ぶ．

長さの決まった弦の自由振動は基音とその倍音から構成されている。この基音と倍音を楽音の音程にあてはめてみると図 **5.9** のようになる[8]。高次倍音になるほど隣接する倍音間の振動数比が複雑になって倍音間の協和度が下がっていく。おおむね 7 倍音を越えると隣接する倍音間の音程は全音から半音程度の音程に減少する。

| 振動数比 | 協和度 | 音程 |
| --- | --- | --- |
| 1:1 | 絶対協和 | 1 度音または同音 |
| 1:2 | 絶対協和 | 8 度音またはオクターブ |
| 2:3 | 完全協和 | (完全)5 度音 |
| 3:4 | 完全協和 | (完全)4 度音 |
| 3:5 | 中庸協和 | 長 6 度音 |
| 4:5 | 中庸協和 | 長 3 度音 |
| 5:6 | 不完全協和 | 短 3 度音 |
| 5:8 | 不完全協和 | 短 6 度音 |

図 **5.9** 基音と倍音の振動数比,協和度と音程
(文献 8) 表 3.1)

### 5.3.3 自由振動を構成する波の形と固有振動

ばねの自由振動の振動数を固有振動数と呼んだように,弦の基本振動数とその倍音振動数を**弦の固有振動数**(あるいは**弦の固有周波数**)と呼ぶ。固有振動数が一つであるばね振動に比べて弦振動の固有振動数は無数に存在する。

ばねの自由振動が正弦波を表す三角関数を用いて表現されたように,弦の自由振動もまた三角関数を用いて表すことができる。しかしばね振動とは違って,弦振動では振動を表す三角関数が弦の振動を観測する弦の位置座標 $x$ と,振動を観測する時刻を表す変数 $t$ の二つの変数に分離される。弦の固定された両端の位置座標をそれぞれ $x = 0$, $x = L$ として位置座標 $x$ にて時刻 $t$ に観測される弦の振動変位 $y(x, t)$ を

## 5. 弦を伝わる振動と波

$$y(x,t) = A\sin\frac{\omega}{c}x\cos(\omega t - \phi) \quad [\text{m}] \quad (5.17)$$

と表そう。ここで $c = \sqrt{P/\rho}$ は弦振動の伝搬速度[m/s], $\phi$ は振動の初期条件から決まる振動の初期位相角[rad]を表す。ただし $P$ は弦の張力[N], $\rho$ は弦の線密度[kg/m]である。両端が固定されているという境界条件 $y(0,t) = y(L,t) = 0$ (観測時刻 $t$ にかかわらず常に振動変位が 0) を考慮すれば，式 (5.17) の角振動数 $\omega$ は

$$\sin\frac{\omega}{c}L = 0 \quad (5.18)$$

から，$n > 0$ を整数として

$$\omega = \omega_n = n2\pi\frac{c}{2L} = n\pi\sqrt{\frac{P/L}{\rho L}} \quad (5.19)$$

に限られることがわかる。この無数に並ぶ振動数の列を**両端固定弦の固有角振動数**という。

固有振動数は図 **5.10** のような振動形のイメージから推量することもできる[8]。弦の位置座標 $x$ に対する振動の形は周期を $2L$ とする奇関数であった。振動が弦を単位時間に伝搬する距離は $c$[m]であることから，波が $2L$[m]進行する間に波の位相は 1 周期分に対応する $2\pi$[rad]変化する。この結果式 (5.19) で

| 次数: $n$ | 振動分布 | 波長: $\lambda_n$ | 固有振動数: $F_n$ |
|---|---|---|---|
| $n = 1$ | 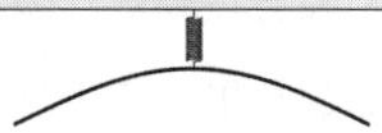 | $\lambda_1 = 2L$ | $F_1 = 1/2 \cdot c/L$ |
| $n = 2$ | 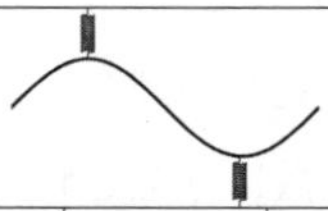 | $\lambda_2 = \lambda_1/2$ | $F_2 = 2F_1$ |
| $n = 3$ | 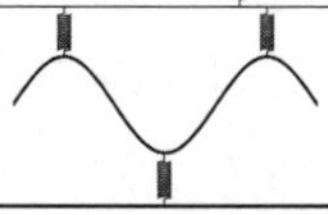 | $\lambda_3 = \lambda_1/3$ | $F_3 = 3F_1$ |

図 **5.10** 両端固定弦の固有振動とその振動数
(文献 8) 図 2.34)

表されるような基本振動数と倍音が算出される。基音 ($n = 1$) に対する振動の形は弦全体が同一方向に振動し (同相で振動し)，弦の中央部が最大変位となる。このように常に振動変位が最大となる点を振動の**腹**という。弦の固有振動は $P/L = K$〔N/m〕，$\rho L = M$〔kg〕とすればばねの固有振動数によく似た表現と見ることもできる。すなわち基音を表す振動は弦の張力をばねの強さとし，弦の質量をばね振動の質量とするばねの固有振動のようにも解釈することができるであろう。ガリレオが言及したように弦の固有振動数は弦の張力と質量 (線密度) によって決定される。

第 2 倍音 ($n = 2$) に対する振動は弦の中央を中心として，左右で符号が反対となる (互いに逆位相) 振動となる。その結果弦の中央部では振動変位が 0(弦が止まっている) となる。このように振動変位が常に 0 である点を**節**と呼ぶ。基本振動と同様にばね振動のモデルで第 2 倍音を解釈すれば，図に見るとおり弦の振動は互いに逆相に振動する二つの部分振動に分割されることがわかる。それぞれのばねの強さは基本振動を表すばねに比べて 1/2，ばね振動の質量も 1/2 となる。第 3 倍音 ($n = 3$) は弦を 3 分割する位置が振動の節となる。振動は互いに逆相に振動する三つの部分振動に分割されることがわかる。対応するばねの強さは基本振動の 1/3，ばね振動の質量も 1/3 となる。節を挟んで両側の振動は常に異符号すなわち逆位相となる。このような固有振動数 (基音，倍音の振動数) に対するそれぞれの振動変位の形を**固有振動姿態 (固有振動)** と呼ぶ。

固有振動を観察すれば振動の腹と節が弦の定まった位置に生じることによって，波があたかも弦上を伝わることなく止まっているかのように見える。このことから固有振動を**定在波**とも呼ぶ。定在波は右側へ進行する波と左側へ進行する波が足し合わされて作られたものである。しかし有限な長さをもつ弦の振動において定在波を作ることができる波の振動数は，固有振動数に限られている。有限な弦の自由振動は定在波となる固有振動の組合せ (重ね合せ) によって構成されている。

### 5.3.4 固有振動の重ね合せと倍音の抑制

両端を固定した弦の自由振動は基音と倍音を構成する固有振動からなっている。第 $n$ 次倍音を構成する固有振動を表す振動変位は式 (5.17) より

$$y_n(x,t) = A_n \sin\frac{n\pi x}{L}\cos\left(\frac{n\pi}{L}ct - \phi_n\right) \qquad \text{[m]} \qquad (5.20)$$

と表すことができる。ここで変数 $x$ に関する部分を図示した例が図 5.10 である。しかし 5.2.3 項で図解した自由振動の例を見てもわかるとおり，自由振動に定在波が観察される例は少ない。それは自由振動が式 (5.20) のような固有振動をそれぞれの $n$ について足し合わせることによって表されるからである。そのとき式 (5.20) の固有振動の振幅 $A_n$ と初期位相角 $\phi_n$ は振動の初期条件から決定されるものである。このことから 5.3.2 項で述べた自由振動を構成する倍音の中から協和性の乏しい倍音 (例えば 9 倍音) の発生を抑えるように，弦を弾く位置を選定することもできる[9]。

すでに 5.2.3 項に図示した波の図解が振動の形を知るうえで有効であるのに対し，上記の固有振動の足し合わせによる方法は波が含む基音と倍音の強さを分析するうえで有用である。固有振動の振幅の自乗値を**振動のパワースペクトル**，初期位相角を**振動の位相スペクトル**という。両端固定弦の振動と固有振動の加算による解は波の図解と一致する[8]。固有振動の加算による解を用いることによって，図 5.6 に示したハープ形の振動と図 5.7 のピアノ形の振動を比べることもできる[8]。またハープ以外にもチェンバロのような発音条件は図 5.6 に示した振動条件に近いとも考えられる。このことからチェンバロとピアノの音色の違いに思いをはせてみてはどうだろうか?

自由振動を構成する倍音成分は音色を特徴づける重要な要因である。しかし自由振動を構成する倍音であっても，倍音の次数が上がるにつれて基音と協和性が乏しいと思われる高次倍音が存在する。上記のハープ形，ピアノ形いずれにおいても初期変位・速度の分布を調整することによって，ある特定の倍音成分を抑制することもできる。初期変位 (あるいは速度) の山 (ピーク) に着目すれば，ピークを境に変位 (あるいは速度) の傾きが逆転する。言い換えれば初期

変位 (速度) の形が増加形から減少形に変化する。このような初期変位 (速度) の傾きの符合変化が倍音成分の抑制には重要となる。

第 5 番目の倍音成分の節に相当するところに上記の「傾き変化点」を設定したとしてみよう。ここで正弦波関数で表される固有振動姿態の節では振動姿態の傾きの符合変化は生じないことに着目すれば，上記の符合変化点が節となる固有振動，すなわち 5, 10, 15, ⋯ 番目の倍音に当たる固有振動は自由振動を構成する固有振動から除外されることになる。すなわち傾きの符合変化は固有振動姿態の山で生じる。その結果，固有振動姿態の節が初期変位 (あるいは速度) の符合変化点に存在する固有振動を含むことなく自由振動が構成されることになる。一般に振動を起こす源となる初期変位 (あるいは速度) の傾き符合変化点は，弦の発音点に対応するものと解釈することができる。弦楽器の発音位置の設定条件は上記のような考察から研究されてきたのである[8),9)]。

## 5.4 音律を構成する倍音列

### 5.4.1 オクターブの計算

二つの量の比を利用した計算にオクターブ単位で表す振動数間隔の表現法がある。振動数の異なる 2 つの正弦波振動の振動数の比が 2 となるときその振動数間隔を 1 **オクターブ**という。例えば 1 kHz の 1 オクターブ上の振動数は 2 kHz，反対に 1 オクターブ下の振動数は 500 Hz である。人間は周期的な振動に対してその周期の逆数となる振動数が**可聴振動数範囲**(およそ 20 Hz-20 kHz) であれば，音の高さを知覚することができる。周期的な信号が複数の振動数成分から構成されているときでも，人間はおおむね信号の周期に対応する振動数 (**基本振動数**) によって音の高さを知覚する。振動数間隔を振動数の差ではなく振動数の比で表すのは，音の高さに対する人間の感覚が振動数比によっているからである。

オクターブの間を $n$ 等分して作られる振動数間隔，$1/n$ **オクターブ**の振動数間隔を以下のような対数演算を利用して定義することができる。振動数 $f_0$ と振

動数 $f_1$ が

$$\frac{f_1}{f_0} = 2^{1/n} \tag{5.21}$$

なる比率を有するとき,振動数 $f_1$ は $f_0$ の $1/n$ オクターブ上の振動数であるという。ここで振動数の差は

$$\log_{10} f_1 - \log_{10} f_0 = \frac{\log_{10} 2}{n} \tag{5.22}$$

のように対数関数の値の差として表されている。したがって $1\,\mathrm{kHz}$ の $1/n$ オクターブ上の振動数は

$$f_2 = 2^{1/n} \times 1\,000 \quad [\mathrm{Hz}] \tag{5.23}$$

同様に $1/n$ オクターブ下の振動数は

$$f_1 = 2^{-1/n} \times 1\,000 \quad [\mathrm{Hz}] \tag{5.24}$$

のようにそれぞれ表される。したがって $1\,\mathrm{kHz}$ を中心振動数として $1/n$ オクターブ帯域幅を形成する上限振動数は

$$f_2 = 2^{1/2n} \times 1\,000 \quad [\mathrm{Hz}] \tag{5.25}$$

同様に下限振動数は

$$f_1 = 2^{-1/2n} \times 1\,000 \quad [\mathrm{Hz}] \tag{5.26}$$

として求められる。

### 5.4.2 ピタゴラス音律の構成

振動数比が 2 となる 1 オクターブ間を分割して音列を作ることは,音楽を構成する基本的な要素である。しかし音列を構成するそれぞれの音の振動数比とその協和性を考えると音列を作ることは容易ではない。調性音楽を構成する重要な要素である 3 度音程の音列を考えてみよう[40]。基音の振動数を $f_1\,[\mathrm{Hz}]$(例

えば C) としたとき，その 3 度上の音 (E) の振動数 $f_2$ 〔Hz〕は基音との振動数比が 4：5 であることに基づいて $f_2 = (5/4)f_1$ となる．同様にその 3 度上の音 (G♯) の振動数 $f_3$ 〔Hz〕は $f_3 = (5/4)f_2 = (5/4)^2 f_1$，さらにその 3 度上の音 (C2) の振動数 $f_4$ 〔Hz〕は $f_4 = (5/4)f_3 = (5/4)^3 f_1$ である．ここで $f_4$ は基音のオクターブ上の音であることが期待される．しかし $f_4 = 1.953125 f_1$ となって $f_1$ と $f_4$ はオクターブ音程を構成しない．このような音の組を人が聴けば互いに協和するオクターブ音に代わって「うなり」を聴き取ることもあろう．

　同様に基音と第 2 倍音の関係 (5 度上振動数比 2：3) に着目して 5 度上昇する音列を作ってみると，C-G-D-A-E-B-Fis-Cis-Gis-Dis-Ais-F-C のとおり 12 の音をとおって 7 オクターブ上の音に回帰する．しかし 12 回にわたる 5 度上昇は 7 オクターブにわたる振動数比には一致しない．この振動数の相違は今日ではピタゴラスのコンマとも呼ばれている[40]．したがって 1 オクターブの間に互いに協和する音程をどのような考え方でほどよく配置するかが音律を構成するうえで重要な課題となる[40],[41]．おそらく多声部にわたる楽曲を書き続けた作曲家バッハも悩まされたことであろうと思われる．現在のピアノ鍵盤に利用されている平均律 (equally-tempered-scale) は 1 オクターブの間を 1/12 オクターブ間隔に区切ったものである．したがって基音と倍音が構成する協和音程に基づくものではない．バッハの想定していた The well-tempered clavier は平均律とは異なる調律による楽器であるとも考えられるであろう[40],[41]．

　二つの音の協和性に関する考察がすでにピタゴラスの時代から進められていたらしいことはすでに述べたとおりである．文献 40) によれば今日ピタゴラス音律と呼ばれる基音と倍音の協和性に着目した音律は，15 世紀の中頃 Henri Arnaut によっても再考されたもののようである．文献 8)，文献 40) に従ってその構成方法の概要を述べることとしよう．

　ピタゴラス音律はできる限り協和する完全 5 度音程を配置するものである．完全 5 度音程は音響管を長さ 3：2 の比で分割すれば作ることができる．この分割を繰り返すことによって完全 5 度音程となる音列を作ることができる．ただし 1 オクターブの範囲に音列を得るように長さを倍にするような調整は適宜行

うこととする。しかし完全5度音程列に見られるとおり，Bの5度上ではFではなくFisとなることからピタゴラス音律ではFに当たる音程を基音の5度下の音程に選んでいる。この結果オクターブは完全協和音とすることができる。

　協和性のずれをどれか一つの音に集約するのに代わって，オクターブの完全協和を保ちながら協和性のずれを適度に配分する原理が古典調律と呼ばれるものである。バッハの The well-tempered clavier もその中のいずれかに調律されたものであろう。調律による調性感の変化を楽しんでいる読者も多くいるのではないかと思われる。

# 6

# 音響管を伝わる波動現象

　空間を1次元方向に伝わる平面波に関わる代表的な音響現象は，**音響管**と呼ばれる細長い管の中を伝わる音波であろう．弦の振動が弦楽器の発音に関するモデルであったと同様に，音響管は管楽器の発音現象を説明するモデルである．有限な長さを有する弦の振動と同様に音響管内においても管内を音波が往復することによって，複数の振動数で共鳴現象を引き起こす．しかし弦の振動に基づく弦楽器の発音が自由振動であったのに対して，管楽器における持続的な発音は音源と音響管の共鳴による強制振動である．本章では音響管内の音の発生と伝達を明らかにしてみよう．

## 6.1　管内を往復する平面波

### 6.1.1　管内を進む波

　管内を進む音波は一端が固定された弦の振動でも見たように，管の端へ達すると反射波となって再び管内に戻っていく．音響管の境界条件を図 **6.1** に示す開いている開管，あるいは図 **6.2** に示す閉じている閉管の二通りとしてみよう[12),21)]．

　図 6.1 のように管の左端から空気が圧縮されるような波 (**圧縮波**と呼ぶ) を送るとしよう．送りこまれた圧縮波は図の右側開口端に達すると反射波となって，音響管内を再び左側へ戻ってくる．しかし図 6.1 と図 6.2 を見比べれば，反射波は開管 (図 6.1) と閉管 (図 6.2) によって異なっていることが読み取れる．開管内では開口端へ進んできた入射波に比べて正負が反転した反射波 (膨張する

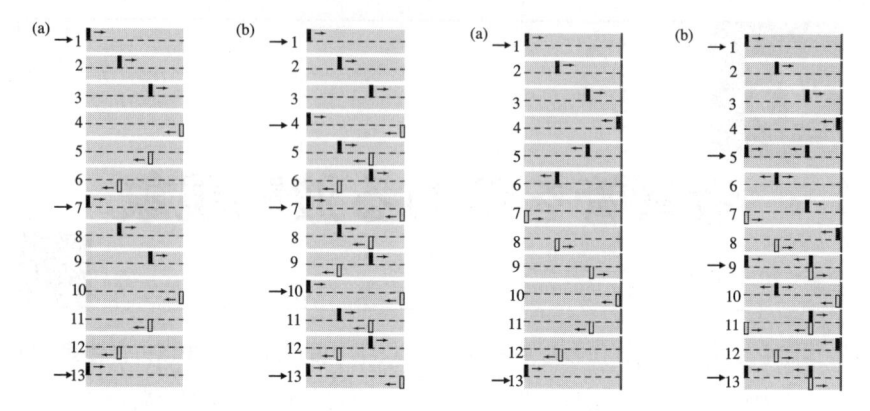

**図 6.1** 開音響管を伝わる音のイメージ
（文献 12）図 4.1, 4.2, 文献 21）図 3.8）

**図 6.2** 閉音響管を伝わる音のイメージ
（文献 12）図 4.5, 4.6, 文献 21）図 3.9）

波：膨張波）が生じるのに対して，閉管内の反射波は入射波と同様に圧縮波である。管の端が開いているときには，音波が端に到達すると開口端の圧力は管内部の圧力上昇に比べて低下する。この圧力低下を埋め合わせるように音響管内部の粒子は開口端側へ向かって動いていく。このことから圧力が低下する波すなわち膨脹波が反射波として管内へ戻ることとなる。

一方図 6.2 に示すとおり管の端が閉じているときには，音波が閉端に到達すると閉端の圧力が管内部の圧力変化よりさらに上昇する。この結果，圧力が上昇する波すなわち圧縮波が反射波として戻ることとなる。さらに開いている左端まで反射波が右側から戻ってくると，再び正負が反転した反射波が右側へ進行していく様子が図から想像される。

このように同じ長さをもつ音響管においても管内を伝わる波の様子が異なることがわかる。これは長さの等しい音響管であってもその基本振動数が異なることを意味し，フルートとクラリネットのようにほぼ同一の長さをもつ管楽器であってもその音域が異なる理由が理解されることになる[8]。

### 6.1.2　音響管の基本振動数と倍音

管内を往復する音波に共鳴振動を持続するにはどのような波を管の端から与

えればよいであろうか？図 6.1(a) を再度見てみよう．右側開口端から膨張波として反射波が左端に戻ってきたとき，この膨張波は再び圧縮波として右端に向かって進むことになる．したがってこのとき圧縮波を再び左端から管内に送りこめば，両端開口管内に往復する音波を持続させることができる．

往復する圧縮波の周期 $T_o$ 〔s〕は，管の長さを $L$〔m/s〕，管の中を音波が伝わる速さを $c$〔m/s〕とすれば

$$T_o = \frac{2L}{c} \quad \text{〔s〕} \tag{6.1}$$

となる．すなわち開管内に持続する振動は $F_o = 1/T_o = \dfrac{c}{2L}$〔Hz〕を基本振動数としてその整数倍の振動数をもつ周期振動となる．この基音とその整数倍からなる振動数を**開 (端) 音響管の固有振動数**という．

倍音成分を持続させるにはどのような波を管の端から与えればよいであろうか？図 6.1(b) からわかるように右側開口端から膨張波として反射波が生じる瞬間に圧縮波を再び左端から管内に送りこめば，両端開口管内に基本周期の 1/2 を周期として管内を往復する音波を持続させることができる．すなわち基本振動数の 2 倍の振動数をもつ倍音振動が持続する．同図を見れば管の中心では圧縮波と膨張波が相殺されて，圧力変化が生じないことがわかる．また管の中心をはさんで両側では圧力が逆位相となることも読みとれる．このことから図 5.10 に示したような第 2 倍音の節と定在波を思い浮かべることもできるであろう．

同様に**閉 (音響) 管の固有振動数**を考えることができる．図 6.2(a) を再度見てみよう．図に示したように右端から圧縮波，左端から膨脹波が反射することから**閉管の基本周期**は開管に比べて 2 倍に長くなることがわかる．さらにその倍音はすべて奇数次倍音となることも図から読み取れる．すなわち片側を閉じた**閉 (止) 音響管の基本振動数**は

$$F_c = \frac{c}{4L} \quad \text{〔Hz〕} \tag{6.2}$$

となって開音響管に比べて 1/2 の振動数に低下する．また**閉管の倍音の振動数**は

$$F_{c_n} = (2m-1)\frac{c}{4L} \qquad [\text{Hz}] \tag{6.3}$$

となる．ここで $m$ は正の整数である．また倍音の次数 $n$ は $n = 2m - 1$ とする．フルートとクラリネットは同程度の長さを有しているにもかかわらず，クラリネットはフルートに比べて低い音を出すことができる．これはクラリネットを閉管(フルートを開管)と考えれば管の端の条件の違いによるものと想像できるであろう．

閉管を伝わる固有振動を持続させるにはどうすればよいであろうか？図6.2(a)に示すとおり管内を音波が2往復したときに圧縮波を再び左端から送りこめば音波の伝搬を持続させることができる．しかし第2倍音を励起させるために音波が一往復した時点で圧縮波を送りこんでも，管内を右端に向かって進行する膨張波と常に相殺されて音が持続されないことが想像できる．このことからも閉管の倍音の振動数が基本振動数の奇数倍となることが理解されるであろう．同図(b)のとおり基音の1/3の周期に合わせて圧縮波を送りこめば，第3倍音を持続させることができる．

閉管においても開管と同様に倍音を伝わる波の特徴を図から想像することができる．閉端から管内へ向かって1/3内側へ入ったところでは圧縮波と膨張波が相殺される．その結果，相殺点の両側では圧力は互いに逆位相となる．

音響管の固有振動数は管内を伝わる音の速さによっている．音の速さが媒質の温度に依存することを思えば，演奏の合間に音程を調整する必要があることも理解できるであろう．また楽器以外に細長い管を想定して，その中の媒質を入れ替えると管の固有振動数もその媒質を伝わる音の速さに応じて変化する．例えば管内の媒質をヘリウムのような音速が空気に比べておおむね3倍近くにも速くなるような気体に入れ替えると，固有振動数も管内が空気であるときに比べて3倍近く上昇する．音響管の長さが短いものであれば媒質を空気からヘリウムに入れ替えることによってあたかも音響管の共鳴現象が消失したかのようにも見えるものである．

### 6.1.3 音響管内の固有振動姿態

すでに 5.3.3 項で両端を固定した弦の固有振動を述べたように，音響管内においても固有振動姿態を想像することができる。図 **6.3** に開音響管内の固有振動姿態の例を示す[8]。図 6.3 の破線を見ると開口端では常に音圧が 0 となることがわかる。これはあたかも弦の固定端の振動のように，開口端では圧縮波 (入射波) と膨張波 (反射波) が重なって常に圧力変化が 0 となることを意味している。

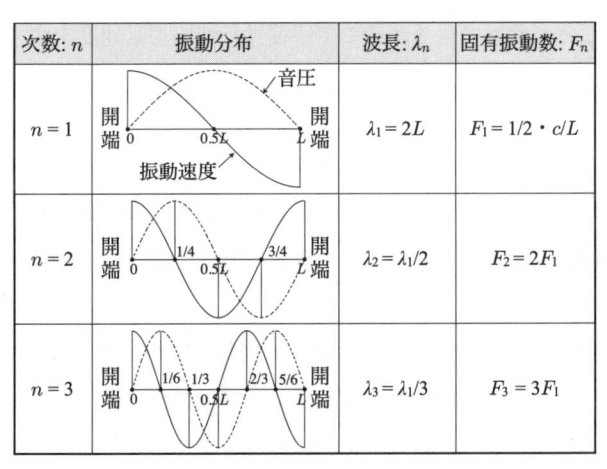

| 次数: $n$ | 振動分布 | 波長: $\lambda_n$ | 固有振動数: $F_n$ |
|---|---|---|---|
| $n=1$ | 開端 0   0.5L   L 開端 （音圧・振動速度） | $\lambda_1 = 2L$ | $F_1 = 1/2 \cdot c/L$ |
| $n=2$ | 開端 0  1/4  0.5L  3/4  L 開端 | $\lambda_2 = \lambda_1/2$ | $F_2 = 2F_1$ |
| $n=3$ | 開端 0  1/6  1/3  0.5L  2/3  5/6  L 開端 | $\lambda_3 = \lambda_1/3$ | $F_3 = 3F_1$ |

図 **6.3** 開音響管内の固有振動姿態 (文献 8) 図 2.3)

上図 6.3 を見れば図 6.1 で言及した倍音振動の特徴を確認することができるであろう。例えば第 2 倍音の固有振動姿態では，管の中心に位置する節をはさんで両側で音圧が逆位相となっている。しかしここで読者は音圧と振動速度の関係に疑問をいだくことになるかと思われる。すでに式 (4.32) に示されるように平面波の音圧と振動速度は同位相であった。しかし上図 6.3 の固有振動姿態の音圧と振動速度からそのような位相関係を読みとることはできない。そこで固有振動姿態における音圧と振動速度について以下に考えてみよう。

先に述べた両端固定弦の固有振動を表す式 (5.20) から類推されるとおり，両端が開いた音響管内の音圧分布を形成する音圧の固有振動姿態は初期位相角を 0 としたとき

$$p_n(x,t) = A_n \sin\frac{n\pi}{L}x \cos\left(\frac{n\pi c}{L}t\right) \quad [\text{Pa}] \quad (6.4)$$

と表すことができる。ここで $L$ は音響管の長さ，$n$ は正の整数である。上式を三角関数の変形[5]によって

$$p_n(x,t) = A_n\frac{1}{2}\left(\sin\frac{n\pi}{L}(x-ct) + \sin\frac{n\pi}{L}(x+ct)\right) \quad [\text{Pa}] \quad (6.5)$$

と書き換えれば，管内の固有振動姿態は管内を左右に進む二つの平面進行波の合成であることが理解できる。そこで平面進行波の振動速度をすでに式 (4.32) で表したとおり音圧と $\rho_0 c$ との比によって求めて再び加算すれば

$$v_n(x,t) = \frac{A_n}{\rho_0 c}\cos\frac{n\pi}{L}x \sin\left(\frac{n\pi c}{L}t\right) \quad [\text{m/s}] \quad (6.6)$$

のとおり振動速度を求めることができる。ただし $x-ct$ で表される右向きに進む平面波の振動速度の符号を正とするとき，左側に進む $x+ct$ で表される平面波の振動速度の符号を負と定める。

上記式 (6.4),(6.6) の結果を見ると音圧と振動速度がもはや同位相ではないことがわかる。すなわち個々の平面波では両者は同位相であっても，複数の平面波が合成されると音圧と振動速度は同位相ではなくなり平面波としての性質が失われる。図 6.3 に示す実線は音響管内の媒質の振動速度の固有振動姿態である。媒質の**振動速度の節**(媒質の微小素片が静止している点) は音圧変化が最大となって**音圧の腹**となる。反対に**振動速度の腹**(媒質の微小素片の振動速度が最大となる点) は**音圧の節**となる。その結果音圧の節となる開口端では振動速度の腹が観測される。

式 (6.4),(6.6) で表した音圧と振動速度から，先に述べた式 (4.49) に示す音響管内を流れる音響エネルギー流密度の時間平均値を考えれば，音圧と振動速度の間に $90°$ の位相差があることによって音響エネルギー流密度は 0 となる。これは音圧あるいは振動速度いずれかが常に 0 となる節を越えて音のエネルギーの授受が行われないことを表している。したがって管内に固有振動姿態が成立すると 5.3.3 項で述べた節と節との間の振動がばね振動に代表されるように，音のエネルギーは節と節の間に閉じこめられていると解釈することができる。

開管と同様に閉音響管の固有振動姿態を表すことができる。図 **6.4** に示すとおり固有振動の振動数が開管に比べて半分の高さに低下することならびに倍音が奇数次となるのがわかる。また図 6.3 と同様に図 6.2 で言及した倍音振動の特徴を確認することもできる。ここで一端閉止の音響管では閉止端 (開端) をはさんで対称に折り返した仮想的な長さ $2L$ をもつ音響管を等分割するように音圧 (振動速度) の節ができることになる。

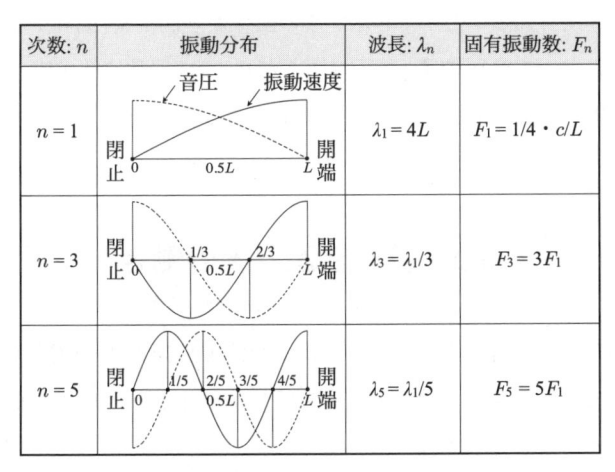

| 次数: $n$ | 振動分布 | 波長: $\lambda_n$ | 固有振動数: $F_n$ |
|---|---|---|---|
| $n = 1$ | 閉止 — 開端 (音圧・振動速度, $0$, $0.5L$, $L$) | $\lambda_1 = 4L$ | $F_1 = 1/4 \cdot c/L$ |
| $n = 3$ | 閉止 — 開端 ($0$, $1/3$, $0.5L$, $2/3$, $L$) | $\lambda_3 = \lambda_1/3$ | $F_3 = 3F_1$ |
| $n = 5$ | 閉止 — 開端 ($0$, $1/5$, $2/5$, $0.5L$, $3/5$, $4/5$, $L$) | $\lambda_5 = \lambda_1/5$ | $F_5 = 5F_1$ |

図 **6.4** 閉音響管内の固有振動姿態

### 6.1.4 固有振動姿態の音圧と振動速度

図 **6.5** のように媒質内に微小素片を考えよう。この微小素片にそって $x$ 軸方向に平面波が伝搬するとすれば,微小素片に働く力は素片の内部へ向かう力を正として素片両側間の音圧変化量 $p_1 - p_2 = \Delta p$ に負号をつけたものと考えることができる。

媒質の体積密度を $\rho_0 \, [\mathrm{kg/m^3}]$, $x$ 軸方向長さを $\Delta x \, [\mathrm{m}]$,力が働く面積を $S \, [\mathrm{m^2}]$,

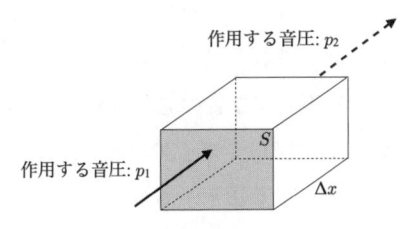

図 **6.5** 媒質内の微小素片に作用する圧力模式図

素片に生じる $x$ 軸方向加速度を $w$ [m/s$^2$],素片の両側に生じる音圧の傾きを $\Delta p/\Delta x$ [Pa/m] とすると,素片の加速度と質量の積が素片に働く力に等しいことを示す運動法則は

$$\rho_0 S \Delta x w = -\frac{\Delta p}{\Delta x} \Delta x S \qquad [\text{N}] \qquad (6.7)$$

と表される。したがって音圧の傾きから振動加速度 $w = -(1/\rho_0)\Delta p/\Delta x$ を求めれば振動速度を知ることができる。この関係から図 6.3, 図 6.4 に示す固有振動姿態の例において音圧の腹 (音圧の傾きが 0) では振動速度が節,反対に音圧の節 (音圧の傾きの大きさが最大) では振動速度が腹となることが理解できるであろう。

## 6.2　駆動音源とその働き

音響管内を伝わる音波を持続させるには音波を励振させる駆動音源が必要である。本節では音の発振現象から出発してフルートをモデルとする発音機構について考察することにしよう。

### 6.2.1　音の発振現象 (ハウリング)

マイクロホンから収音されて電気信号に変換された音の波形を,増幅器によって増幅された後スピーカから室内に音波として再生するとしよう。このとき収音マイクロホンと再生スピーカが同一室内にあれば,再生音は再びマイクロホンに収音されてスピーカから再生される音のループが形成される。このループは時に不安定な音の発振現象を引き起こし,ある特定の振動数の音 (正弦波) が大きく成長してマイクロホンとスピーカによる音の正常な収音と再生を不可能にしてしまうことがある。これを音の**ハウリング**と呼んでいる。

ハウリング現象は信号がある一定の時間遅れ $T$ をおいて次々と重なり合って異常に増大する現象として考えることができる。音の収録と再生においては有害となるハウリングを管楽器の発音機構は有効に利用する。帰還ループを含む

収音・再生形の入力信号を正弦波信号とすれば，入力信号の振動数 $F$ が時間遅れ $T$ の逆数 $(F=1/T)$ に等しくなると，音の大きさは大きく成長してやがて発散するに至るであろう．管楽器の発音機構にはこのような音が成長するループが形成されている[8]．

### 6.2.2 エッジトーン

フルートの発音機構はエッジトーンと呼ばれる空気の流体現象によるものである[2),8),10),12),33),38)]．図 **6.6** に示されるように吹出口から空気流を送り出しこれを正面に置かれたナイフのように縁の鋭い**ナイフエッジ**に吹き当てると，流速やナイフエッジまでの距離で決まる振動数をもった音が音のない空気流から発音してくる．この現象はエッジトーンと呼ばれ C.Sondhaus によって 1854 年に気づかれたものとされている[8]．

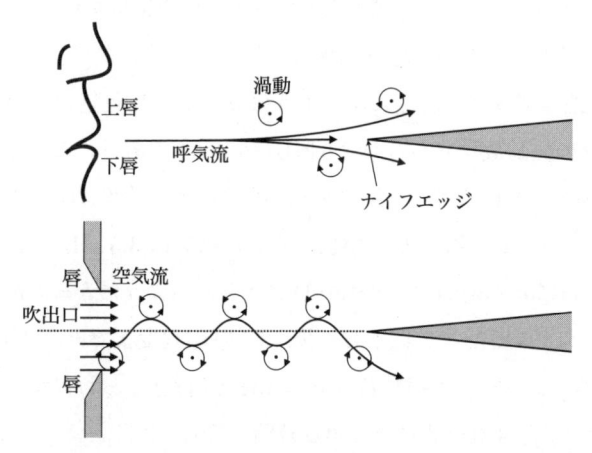

図 **6.6** エッジトーンの発音源 (文献 8) 図 2.2, 図 6.10)

エッジトーンが発する音の振動数はブラウンによって 1935-1937 年にかけて調べられている．図 **6.7** は吹出口から流れ出る空気の流速 $v$ を $1\,750\,\mathrm{cm/s}$ と一定としたとき，ナイフエッジと吹出口との距離による発音振動数の変化を示したものである[8),38)]．このエッジトーンが発する振動数の理論的考察は文献 8)，発生機構と音の振動数に関する解説は文献 38) に記述されている．ここでも両

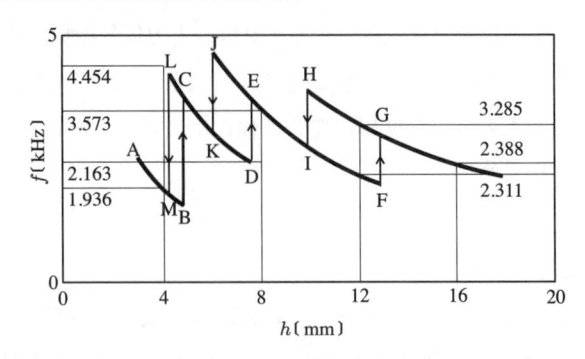

図 6.7　エッジトーンの振動数 (文献 38) 図 1 p.93)

文献を参照してエッジトーン発生機構の概略を考えてみよう．音のない呼気，空気の流れから楽器を鳴らす音源となるような音の振動数が生まれる機構を垣間見ることもできるであろう．音響管の共鳴現象は音源によって作りだされる振動数成分をさらに選択して楽器音として育てあげる役目をになうものである．

吹出口とナイフエッジの距離 $h$ の増加に伴うエッジトーンの振動数変化を図 6.7 に従って追ってみよう．図に示すように $h = 3$ mm 付近において発生するエッジトーンの振動数はおおむね 2.5 kHz(図中 A) である．この発生音の振動数は $h$ の増加とともに低下し，$h = 5$ mm とすると振動数はほぼ 1.5 kHz(図中 B) となる．しかしそれ以上 $h$ が増加すると振動数は 3.5 kHz 付近に飛躍する (図中 C)．さらに $h$ が増加すると図中 D に示されるように $h = 8$ mm 付近で振動数がおおむね 2.5 kHz まで低下した後，3.5 kHz 程度まで再び飛躍する (図中 E)．同様にエッジトーンの振動数は $h = 13$ mm 付近でおおむね 2 kHz まで下降した後 (図中 F)，3 kHz 程度まで再び飛躍する (図中 G)．そして $h = 18$ mm では振動数はおおむね 2 kHz まで低下する．

反対に距離 $h$ の減少に伴うエッジトーンの振動数変化を見てみよう．図中 G から $h = 10$ mm では振動数はおよそ 4 kHz までに増加し (図中 H)，そこで再びおおむね 2.5 kHz に下降する (図中 I)．すなわちエッジトーンの振動数は図中 I から F までと H から G までの 2 種類の振動数が発生する可能性があることがわかる．さらに I から距離 $h$ が減少するにつれても図中 JKLMA を経て

A に戻る[38]）。

　このような楽器音源にとって望ましいと思われる広い帯域にわたる振動数変化を示すエッジトーンの発生機構には，前節で述べた音のループ現象が重要な要因となっている。文献 8) によればエッジトーンの解明はレイリー[10]以来研究が行われケーニヒによってその概要が説明されている。すなわち吹き出された気流がエッジに衝突すると一瞬流れが止められて圧力が上昇し，これが圧力波となって伝搬する。この圧力波が図 6.6 下図のようなイメージで気流の吹出口のところに到達して，吹き出される気流に対して乱れを与える。乱れを伴う気流はその乱れの大きさを増幅しながら進行して再びエッジに衝突して，さらに大きな圧力波を発生する。圧力波が再び吹出口のところに戻って吹き出される気流に対してより大きな外乱を与える。このような圧力波のループ現象が何回も繰り返されて，やがて前項のハウリング現象と同様に成長した圧力波によってエッジトーンが作り出されることになる[8]）。

　ハウリング振動数の推定には音の帰還に要する時間を知ることが必要である。エッジトーンの発生に含まれる帰還路において圧力波が帰還に要する時間 $T$〔s〕は，圧力波がエッジから吹出口に戻るに要する時間と圧力波による外乱が気流に伴ってエッジに到達するに要する時間の和として考えることができる。ここで外乱を含まない気流の速さが $v$〔m/s〕であるとき，外乱の伝搬速度はおおむね $v/2$〔m/s〕となることが文献 8),10) に述べられている。これを利用すれば圧力波が吹出口を出て帰還するに要する時間は，気流の速さが音速より十分遅いとして

$$T = \frac{h}{c} + \frac{h}{v/2} \cong \frac{2h}{v} \qquad 〔\text{s}〕 \tag{6.8}$$

と見積もることができる。したがってエッジトーンの発振振動数 $f$〔Hz〕は $f = v/2h$ と表すことができる。

　図 6.7 に示した吹出口とエッジとの距離によるエッジトーン発振振動数の変化を再び見てみよう。発振振動数は $f_n = nv/2h$〔Hz〕と考えることができる。ここで $n$ を正の整数であるとすると，$n$ の値は LD，JF，HG の枝線において

それぞれ $n = 2, 3, 4$ に対応する[38]。この発振振動数はブラウンによってさらに

$$f_l = 0.466 l (v - 40) \left( \frac{1}{h} - 0.07 \right) \qquad [\text{Hz}] \qquad (6.9)$$

なる計算式が示されている[8]。ここで，$l = 1, 2.3, 3.8, 5.4$ である。ただし流速，エッジと吹出口との距離 $h$ は cm 単位で図ったものである。

流速を 1 750 cm/s として枝線 AB 上では $h = 0.4$ cm のとき $f_1 = 1\,936$ Hz，枝線 LD 上で $f_{2.3} = 4\,454$ Hz となっておおむね一致する振動数値が得られる。同様に LD 上で $h = 0.8$ cm のとき $f_{2.3} = 2\,163$ Hz，枝線 JE 上で $f_{3.8} = 3\,573$ Hz となって再び計算値と実験値はおおむね近い値となっている。さらに IF 上で $h = 1.2$ cm のとき $f_{3.8} = 2\,311$ Hz，枝線 HG 上で $f_{5.4} = 3\,285$ Hz，また $h = 1.6$ cm のとき $f_{5.4} = 2\,388$ Hz という計算値が得られる。

式 (6.9) からもわかるように $n$ あるいは $l$ は流速が大きくなったこととして解釈することができる。したがってそれぞれの枝線からの振動数の飛躍は，吹出口からの流速変化すなわち強く気流を吹き込むことにも対応している。これが管楽器を強く吹くと倍音が発生する現象を説明する要因である。フルート以外にもオルガンに関するエッジトーンの発振現象に関する詳細な考察を文献 42) に見ることができる。

### 6.2.3　音響管の駆動方式

音響管を管楽器の発音原理を表すモデルとしたとき，その駆動音源には二つの発振機構を代表例とすることができる。すなわち図 6.8 に示すフルートのような歌口を表現するエッジトーンならびに図 6.9 に示すクラリネットの吹口のようなリードによる振動源である。

フルートの歌口も音響管から外側へ向かって開いている開口端と考えることができる。左側開口端を音響管の入口，右側開口端を出口として再び図 6.1 を見てみよう。歌口側開口端から圧縮波が管内に送りこまれたとき，右側開口端から歌口に戻ってくる膨張波は歌口の開口部にて管外から空気が引きこまれて管内の密度が逆に上昇に転じる。その結果再び音響管内を遠方の開口端に向かっ

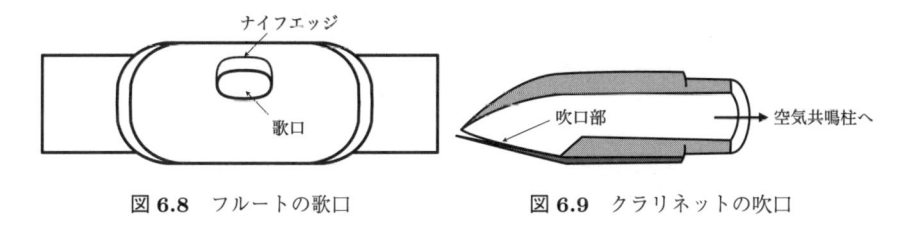

図 6.8　フルートの歌口　　　　図 6.9　クラリネットの吹口

て伝搬する圧縮波が形成される。この圧縮波に合わせて歌口から圧力波が送りこまれて管内に音波が持続していく。こうしてエッジトーンが発生する圧力波の振動数の中から音響管の基本振動数に合致する振動数が共鳴して発音されることになる[12),38)]。

　一方クラリネットに代表されるリード音源はエッジトーンを利用したフルートの歌口に比べてさらに複雑である[8),38)]。リードの語源は葦を意味する英語である[38)]。図 6.8 に示される吹口部に呼気が吹きこまれるとリードをはさんで両側すなわち管内外に圧力差が生じる。流体の流速に伴って圧力が低下する現象は今日では，ベルヌーイの原理として知られている[8)]。呼気によって生じた圧力差に応じてリードが吹口部をせばめると，その結果呼気の流入が減少してリードは再び吹口部を広げる方向に運動する。このような音響管入口におけるリードの開閉運動によって呼気が断続され，音響管を共鳴させる振動源が作られることになる。リードの振動がかなり長時間閉じた状態になることから，音響管の端に位置するリード駆動源を音響管の境界条件としてはおおむね閉止端と近似してもよいと考えられている[8)]。したがってクラリネットは一端が閉じた音響管の閉止端から管内の空気が一定の振動速度で駆動されるものとして音の生成機構を考察することができる。


リードのような開閉運動による呼気の断続とそれに続く管の共鳴現象によって作られる音には，管楽器以外にわれわれの音声も含まれる。音声は声帯の開閉によって生じる肺から送られる呼気の断続が音響管となる声道で共鳴して作られるものである。母音を特徴づける声道の固有振動数は特別に**ホルマント**と呼

ばれている。ホルマントを形成する声道の固有振動数はクラリネットと同様に一端閉止の音響管の固有振動数として考えられている[5), 15)]。

## 6.3 音響管から放射される音のエネルギー

### 6.3.1 開口端の音響条件

これまで述べてきた音響管の中を伝搬する波では音圧と振動速度の間に90°の位相差が生じて，音響エネルギー流密度の時間平均値は0であった。音響エネルギー密度を表す音圧と振動速度の積の時間平均値が零となるのは振動数の等しい正弦波と余弦波の積を描くと正負互いに等しい面積となることから理解できるであろう。この結果は音響管の中から外へ音が放射されないことを意味している。しかし楽器を想像するまでもなく音響管の中へ向かって話した声が管から外へ聞こえないということは，われわれの直観あるいは経験にも一致しないところであろう。

この結果は音響管の開口端を**完全反射面**(音圧が常に零となる**自由境界面**)としたことによるものである。現実の音響管ではこのような完全反射面ではなく，開口部にも音圧と振動速度が生じることによって音が管外に放射される。ここでばね振動のエネルギーが消費されるときの力と振動速度の関係は互いに同相であったことを思い出そう。平面波の伝搬において消費されるエネルギーすなわち音源から供給されるべきエネルギーは，音波が伝搬することに伴って静止中の媒体を新たに励振するに必要なエネルギーであった。この平面波の伝搬においてもまた音圧と振動速度は互いに同相であった。このことは音響管開口部に生じる音圧と振動の間に互いに同相である成分が含まれていれば音は音響管内から管外へ放射される(伝搬する)ことを意味している。

音圧と振動速度のような振動する二つの量(互いに次元が異なる量であっても)の位相角の差を単に**位相差**と呼ぶ。位相差を有する二つの量の間に存在する同相成分と直交成分(90°位相差成分)は次のように理解することができる。

一組の信号を同相成分と直交成分に分解することは，波形を表す関数に対し

て幾何学図形における三角比の概念を当てはめることでもある。互いに直交する信号の組を

$$x(t) = \cos \omega t \tag{6.10}$$

$$y(t) = \cos\left(\omega t - \frac{\pi}{2}\right) = \sin \omega t \tag{6.11}$$

と表そう。上記 $x(t)$ と位相差 $-\phi$ を有する信号 $z(t)$ を

$$z(t) = \cos(\omega t - \phi) = \cos\phi \cos\omega t + \sin\phi \sin\omega t \tag{6.12}$$

と表せば，あたかも信号 $z(t)$ を $x(t)$ と同相，直交するそれぞれの成分に分解したように解釈することができる。この**直交分解**の例から開口端に生じる音圧信号も開口端の振動速度と同相，直交する二つの成分に分解して考えることができる。その結果完全反射面では同相成分は 0 である。また 3.1.3 項で述べたスピーカ振動体の前面で観測される音圧でも直交成分が支配的であった。

音響管内を伝わる音波が開口端から音を放射する (エネルギーを消費する) のは，振動速度と同相となる音圧の成分が存在することによる。すなわち音響管から放射される音響エネルギー流は振動速度と同相となる音圧成分と信号速度との積で表される。平面波には存在しなかった振動速度と直交する音圧成分は**球面波**と呼ばれる音波の特徴である。

### 6.3.2 開口端補正

フルートのような両端開口音響管の固有振動数は音響管の長さから求めることができた。しかしそのような固有振動数は開口端を自由境界面による完全反射面と仮定するものであった。その結果，音響管の長さを測って求められる固有振動数は実測される振動数に比べて高い振動数となる現象が起こる[9),10)]。開口端において観測される音圧には加速度，振動速度に比例するそれぞれの成分が存在する。エネルギーの消費を伴わない加速度に比例する音圧成分は，振動加速度と質量の積で表されると解釈することができる。この質量の大きさを考察するとおおむね音響管の半径分だけ (音響管の半径を $a$ [m] として約 $0.8a$

管外に飛び出した円筒の容積に当たる質量が振動していると理解される。すなわちこの管外に飛び出した長さ分だけ音響管の実効的長さは長くなる。この音響管の実効長の増加を**開口端補正**と呼ぶ。管外に飛び出した円筒の容積が有する質量は 3.1.3 項で言及した付加質量にあたるものである。

開口端補正量は音速あるいは音の振動数にかかわらずおおむね一定な長さとなっている[8]〜[10],[21]。特に文献 8) にはフルートにおける開口端補正の歴史が詳細に記述されている。開口端の補正はオルガンなどでも必要となる。もし開口端が実効的に長くなるのではなく短くなることになっていたら、かってオルガンを設計した人々はおそらく困っていたことであったに違いない。幸いにも音響管の実効長が長くなることから、作成したオルガン管を再び短く切り取ることによって発音の高さを調節することができたであろう。

## 6.4　円錐形音響管

これまで述べてきた音響管はいずれも円筒形であった。しかし音響管には円筒管に限らずいろいろな形状のものがある。それらの音響管は一般には**音響ホーン**と呼ばれる。音響ホーンの中を伝わる音波については文献 42),43) に概観することができる。ここではオーボエの形に現れる円錐形音響管の特徴について文献 8),文献 12) を参照してその概要を紹介することとしよう。音響ホーンを伝搬する音の性質に興味をもたれた読者は例えば文献 44) を参照されたい。

### 6.4.1　円錐形音響管の固有振動数

オーボエは管が円錐形をしていることが特徴である。円筒形音響管内を伝搬する音波に比べると、円錐形音響管内を伝搬する音波の固有振動数を直観的に理解することは容易ではない。しかし図 6.1 に示した開口円筒音響管の固有振動数の直観的理解と同様に、円錐音響管の固有振動数を推論することもできる[12]。円錐の開口端 (出口) に向かうにつれて管の断面積が大きくなって音圧ならびに振動速度は減少する。円錐管のとがった先端から圧縮波が送られると想像し

てみよう。先端から送り込まれた圧縮波は管が太くなるにつれて広がり，やがて開口端に到達すると音圧変化が0になることによって，膨張波に変化した反射波が円錐先端に向かって戻っていく。しかしこの膨張波が円錐の尖端に到達するときにはあたかも閉止端のように音圧が最大となって，はじめの入射波と同様の圧縮波が再び開口端へ向かって戻っていく。そしてまた再び開口端にて膨張波に変化して入口に戻っていく。したがってこの入射波と反射波の繰り返しの周期を見れば，円錐尖端から円錐形音響管を駆動するとき円錐形音響管の固有振動数は両端開口音響管の固有振動数と同様となることが理解できるであろう。

この考察からともにリード楽器であっても音色に独特な相違があるオーボエとクラリネットの特徴を見ることができる。クラリネットの固有振動数は閉止管の特徴である奇数次倍音のみから構成されるのに対し，オーボエでは偶数次数を含むすべての倍音が発音される可能性が含まれている。

楽器では完全な円錐形ではなく，**図 6.10** に示すような円錐の先端部を切り落としたいわば円錐コーン形音響管が一般的であろう。一端が閉止されたコーン形音響管の固有振動数は完全円錐形から先端部分がなくなるにつれて，開口円筒音響管に対応する固有振動数から閉止円筒音響管に従う固有振動数に変化していく。さらに固有振動数を決定する音響管の長さは，コーン形音響管の実効長ではなく先端部分が切り

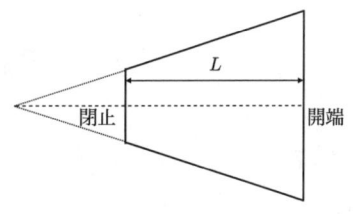

**図 6.10** 円錐コーン形音響管のイメージ

り落とされた閉止コーン形音響管であっても，おおむね円錐の全長から決定されることは興味深いところである[8]。円錐管内を伝わる音波の固有振動数に対して円錐の母線の傾きすなわち管の断面積変化が重要であることを示唆するものと考えることもできるであろう。

# 7 平面波の伝搬

音波も光と同様に粒子的あるいは波動的な性質の両面から考えることができる。本章では平面波が媒質中を伝わるときに生じる反射，屈折，干渉について音波の波動的性質を解説するとともに，複数の平面波の不規則な重畳について言及する。多数の平面波の不規則な重なりは室内を伝わる波を考えるヒントとなるものである。波の生成原理は異なっていても光と音の伝搬には多くの共通点がある。音を光にたとえることは音波の性質を直観的に理解するうえでも役に立つことが多い。その意味で光を扱った文献 45) は音波を理解するうえでも好適な参考書の一つであろう。

## 7.1 平面波の入射と反射

図 7.1 に示すとおり，音波 (平面波) が異なる媒質に入射するとき反射波と透過波が生じる。入射波と反射波の関係に着目すれば異なる媒質間の境界面に生

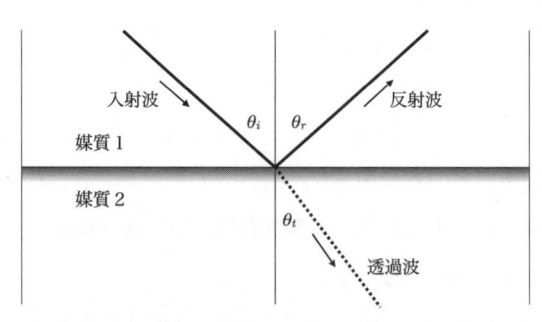

図 7.1 媒質境界面における入射波と反射波

じる反射波(音)の性質に言及することとなる。同様に入射波と透過波の関係に着目すれば，波が異なる媒質間を伝搬するときに生じる屈折の現象が見えてくる。いずれも波の伝搬に関わる基本的な現象である。

### 7.1.1 ホイヘンスの原理と平面波の反射

図 7.1 に示したように媒質中を伝搬する平面波が異なる媒質に遭遇すると，媒質が互いに接する境界面にて反射波が生じる。このとき入射波と反射波の間には入射角と反射角が等しいという関係がある。この入射波と反射波の間に成立する関係は**反射の法則**とも呼ばれている[45]。この反射法則をホイヘンスの原理と呼ばれる定性的解釈によって考察することから，さらに波の性質に関する理解を得ることができる。

**ホイヘンスの原理**では平面波が進行する波面を多くの球面波の波面の重なりとして理解する(球面波については 8 章であらためて言及する)。図 **7.2** に示すように媒質境界面上に波面が球面となる音波 (**2 次波**と呼ぶ) を放射する多くの音源を仮想 (**仮想音源**ともいう) する[45]。入射音波の波面が境界面に到達すると，図に示すとおり次々と境界面上の仮想音源からさざ波が立つように波が放射される。これらの波が作る互いに位相が等しい面に着目すると自ずと波面 (**等位相面**ともいう) と呼ぶことができる面が浮かび上がる。この波面を反射波の

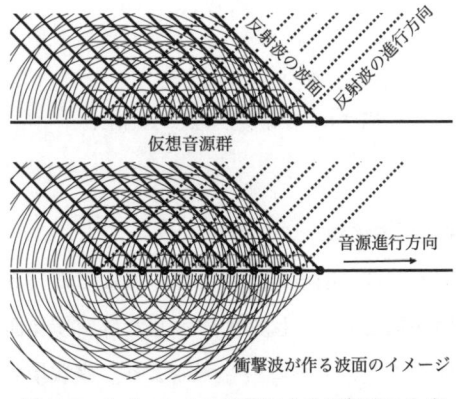

図 **7.2** ホイヘンスの原理による反射波の生成

波面とするのがホイヘンスの考え方であった。この原理に従えば入射角と反射角が等しいという反射の法則を説明することができる。

波面の生成を図 7.2 の下図のように鏡に写すように下側 (異媒質側) に折り返して見れば，図 4.10(a) に示した衝撃波が作る波面と同様の姿が見えてくる。反射波を生成する源となる仮想音源の位相差を境界面を伝わる波の伝搬にたとえれば，境界面を伝わる波の速さは媒質を伝わる音速に比べて速いと見ることができる。

### 7.1.2 最小作用の原理と反射の法則

入射角と反射角を互いに等しくする反射の法則は図 **7.3** に示すように鏡像音源を仮想してみれば，境界面の前に設置された音源から出た波が境界面で一度反射した後に受音点へ至る経路の中から最短経路 (図中実線) を求めた結果として解釈することもできる[1],[45]。このような原理を**最小作用の原理**あるいは**フェルマーの原理**ということがある。図から反射の法則を直観的に理解することもできるであろう。

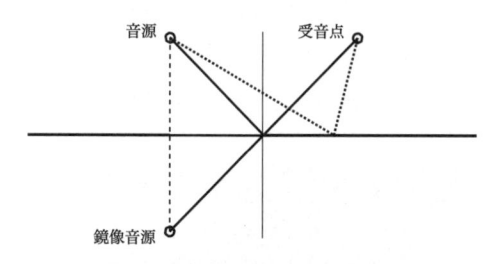

図 **7.3** 音源・受音点と鏡像音源

### 7.1.3 境界条件と反射係数

反射の法則を考慮すれば反射波の強さを求めることができる。反射波と入射波の振幅の比を**反射係数**という。図 7.1 に示した媒質境界面に斜めに入射する平面波に対する反射波の大きさを考察してみよう。媒質境界面上では媒質の境界面に垂直な方向に生じる振動速度成分がどちらの媒質から見ても等しく (連

続)，同様に音圧もどちらの媒質から見ても等しく連続となるであろう．このような異なる媒質が互いに接する境界面上において満たされる波の性質を，弦の両端あるいは音響管の開口部などと同様に**境界条件**と呼んでいる．

音波の連続性に基づく境界条件から媒質境界面上では図 7.1 に示した入射波，反射波および透過波の音圧と振動速度はそれぞれ

$$p_i + p_r = p_t \quad \text{〔Pa〕} \tag{7.1}$$

$$v_i \cos\theta_i + v_r \cos\theta_r = v_t \cos\theta_t \quad \text{〔m/s〕} \tag{7.2}$$

なる関係を満足する．ここで $p_i$, $p_r$, $p_t$ はそれぞれ入射，反射，透過平面波の音圧を表す．同様に $v_i, v_r, v_t$ はそれぞれの振動速度を表す．入射側媒質から見た音圧と振動速度の境界面垂直方向成分はそれぞれ入射波と反射波の音圧ならびに振動速度の和で表され，透過側媒質で観測される音圧と振動速度は透過波のみのものとなる．

音波の振幅反射係数を考察するために，入射側媒質 1 と透過側媒質 2 における音圧と振動速度の比〔Pa·s/m〕をそれぞれ $z_{01} = \rho_{01}c_1$, $z_{02} = \rho_{02}c_2$ とすれば，入射波，反射波，透過波それぞれの音圧 $p$ と振動速度 $v$ の間には

$$p_i = z_{01}v_i, \quad p_r = -z_{01}v_r, \quad p_t = z_{02}v_t \quad \text{〔Pa〕} \tag{7.3}$$

なる関係が成り立つ．ここで平面波が入射する入射波の進行方向は入射点に向かって伝搬距離を測るのに対して，反射波が進行する方向は反射点から離れる方向に向かって距離が測られるものである．その結果入射波と反射波では音圧と振動速度の関係が逆符号となっている．

この関係を境界面上の連続条件ならびに入射角と反射角が等しいという反射の法則に当てはめれば，平面波が媒質 1 から媒質 2 へ入射するときの**音圧反射係数**($R_{12}$) ならびに**音圧透過係数**($T_{12}$) を求めることができる．透過係数を 0 とするとき反射係数 $-1$ は開口音響管で仮定した自由境界面による反射係数と同様である．反射係数 1 は閉止音響管で仮定した閉じられた固い境界面と同様となる．また入射側媒質と透過側媒質を逆にして音波が媒質 2 から 1 に向かって

入射するときには，音圧反射係数と $R_{21}$ と透過係数 $T_{21}$ はそれぞれ

$$R_{21} = -R_{12} \tag{7.4}$$

$$T_{21} = \frac{z_{01}}{z_{02}} T_{12} \tag{7.5}$$

と表される。

この考察において入射角を 0 とする**垂直入射**とすれば，反射角も透過角も 0 となって反射係数と透過係数はそれぞれ

$$R_{12} = -\frac{1-\mu}{1+\mu} \tag{7.6}$$

$$T_{12} = \frac{2\mu}{1+\mu} \tag{7.7}$$

$$\mu = \frac{z_{02}}{z_{01}} \tag{7.8}$$

とさらに書き直すことができる。すなわち波の反射と透過に関わる現象では媒質密度と音速の積に関する媒質間の比が重要である。上記の式 (7.8) に示す比 $\mu$ が大きくなると反射係数は 1 に近づくことになる。しかしこのとき式 (7.8) から透過係数を求めることはできないことに注意しなければならない。波の入射・反射・透過現象においても

$$R_{12}^2 + \frac{1}{\mu} T_{12}^2 = 1 \tag{7.9}$$

と表されるエネルギー保存則が存在する[9]。この結果，反射係数が 1 に近づくと透過係数は 0 に近づくと見ることができる。

媒質 1 を空気，水を媒質 2 として反射係数と透過係数を考えてみよう[9]。空気の密度は約 $1.3\,\mathrm{kg/m^3}$，音速 $340\,\mathrm{m/s}$ であるのに比べ，水の密度ならびに音速はそれぞれおおむね $10^3\,[\mathrm{kg/m^3}]$，$1500\,\mathrm{m/s}$ である。このことから空気から水あるいは反対に水から空気中へは音が伝わりにくいことが反射係数あるいは透過係数から理解されるであろう。

## 7.2 平面波の透過と屈折

前節では平面波の入射角と反射角の関係に着目して波の反射の性質について考察した。反射角に代わって入射角 $\theta_i$ と透過角 $\theta_t$ の関係に着目すれば，波の屈折という現象を知ることとなる。

### 7.2.1 入射角と透過角

図 **7.4** に示すように改めて入射波と透過波の関係に着目しよう[45]。前節と同様に媒質 1 の音速を $c_1$，媒質 2 では $c_2$ とする。図において媒質 1 を進む波の波面が $c_1\Delta t$ で表される距離だけ進むと，媒質 2 に透過した波は媒質 2 の中を $c_2\Delta t$ の距離だけ進んでいることになる。ここで $c_1 < c_2$ であれば媒質 2 では媒質 1 に比べて長い距離を音波は伝搬し，図例と反対に $c_1 > c_2$ であれば媒質 2 では媒質 1 に比べて短い距離を音波は伝搬する。その結果いずれの場合においても音波の進行方向は媒質境界面で折れ曲がることになる。このように波の進行方向が境界面を経て入射音波の進行方向から変化する現象を**音の屈折**という。

音波の反射・透過の割合が媒質の体積密度と音速の積すなわち音圧と振動速度

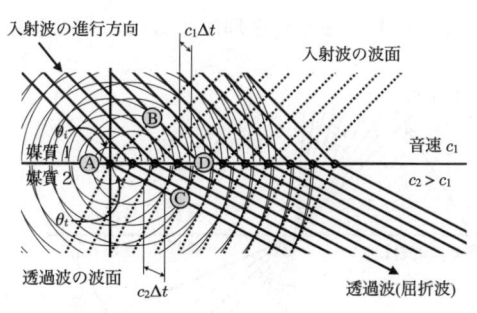

図 **7.4** 平面波の入射と透過

との比の変化によっていたのに対して，音の進行方向の変化を表す屈折は媒質中の音速の変化によっている．入射角と反射角の関係に着目した反射の法則と同様に，入射角と透過角の関係を表す**屈折の法則**を導き出すことができる[45]．図 7.4 において三角形 ABD と ACD は互いに斜辺 AD を共通とする直角三角形である．したがって辺 BD と AC の長さから入射角 $\theta_i$ と透過角 $\theta_t$ の関係を表す屈折の法則

$$\sin\theta_t = \frac{c_2}{c_1}\sin\theta_i \tag{7.10}$$

が得られる．入射側媒質に比べて音速が速い媒質に音が透過すると，透過角は入射角に比べて広がり，反対に入射側媒質に比べて音速が遅い媒質に音が透過すると透過角は狭められることになる．

屈折の法則に従って音波の入射角と音速の変化に着目すれば，図 **7.5** に示すようにある入射角以上では音波が媒質 2 に伝搬しないことがわかる．すなわち式 (7.10) に従って入射角 $\theta_i$ に対する透過角 $\theta_t$ が決定されるには，$\frac{c_2}{c_1}\sin\theta_i \leq 1$ なる条件が満足されなければならない．このことから $\sin\theta_{ic} = \frac{c_1}{c_2}$ を満足する入射角 $\theta_{ic}$ を**臨界角**という．入射角が臨界角を超えると図 7.4 において AD の長さが AC に比べて短くなることを意味している．図 7.2 でも言及したように屈折波を衝撃波の伝搬になぞらえれば臨界角を超えた入射角では衝撃波すなわち音の伝搬が生じないとして臨界角を理解することもできるであろう．

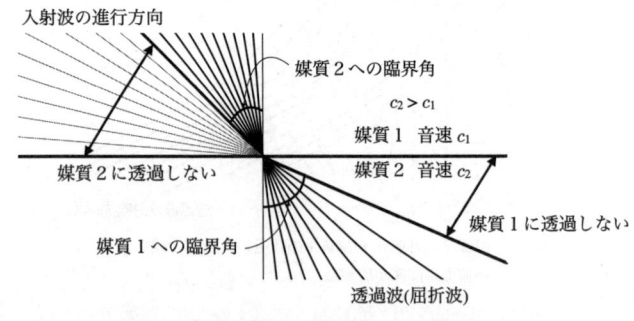

図 **7.5** 媒質境界面に対する入射角と臨界角

図に示す臨界角および透過角の関係は，媒質2から1へ音波が透過するときにも同様である．すなわち図に示す媒質2における透過角は媒質2から1へ音波が進むときの入射角を意味している．そのとき同様に媒質1の入射角は透過角と読み替えられる．

### 7.2.2 屈折とスネルの法則

屈折の法則は**スネルの法則**とも呼ばれている．波面に代わって波の進行方向に着目して図7.4を書き直すと**図7.6**のような図例が得られる．入射側媒質中の音速を $c_i$，透過側媒質中の音速を $c_t$ とすれば，波の進行方向の変化(曲がり方)は図中の $x_i$ と $x_t$ の比

$$\frac{x_i}{x_t} = \frac{\sin \theta_i}{\sin \theta_t} = \frac{c_i}{c_t} \tag{7.11}$$

で表すことができる．この比は入射角によらず媒質の組合せによって決定される．

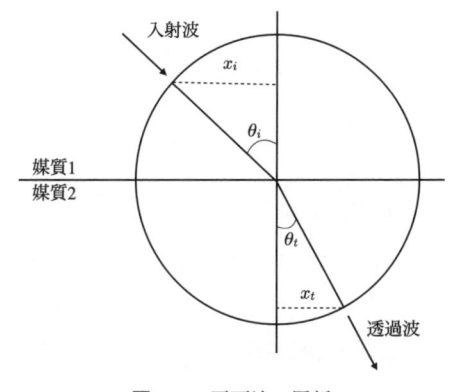

**図 7.6** 平面波の屈折

### 7.2.3 屈折現象に関する最小作用の原理

音波の屈折現象も音の反射と同様に最小作用の原理によって説明することができる[1), 45)]．**図7.7**を参照して音波が点SからPへ至るに要する時間を考えよう．この経路を音波が伝わる時間 $T$ は入射側媒質中の音速を $c_i$，透過側媒質

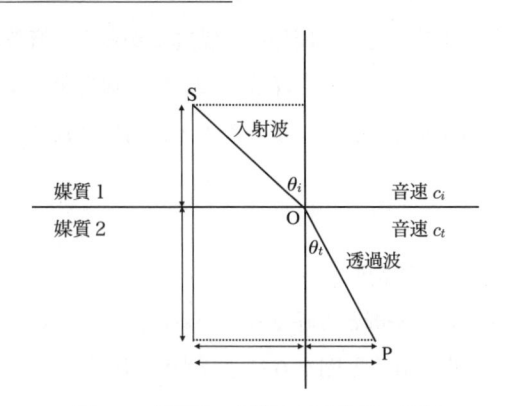

図 **7.7** 平面波の屈折と最小作用の原理

中の音速を $c_t$，入射側経路の伝搬距離を $\overline{SO}$，透過側経路の伝搬距離を $\overline{OP}$ とすれば

$$T = \frac{\overline{SO}}{c_i} + \frac{\overline{OP}}{c_t} \tag{7.12}$$

と表すことができる．この時間 $T$ が最小とする音波の伝搬経路を求めると屈折の法則が得られることになる．

### 7.2.4 音波の屈折と音の聞こえ方

大気の温度によって空気中を伝わる音は屈折する．これは大気の温度の上昇とともに音速が速くなることによっている．昼間は上空にいくほど気温が下がり，夜は反対に地表のほうが温度が低い．その結果，図 **7.8** に想像されるように空気中を伝わる音波は昼は上空方向に屈折し，夜は地表方向に屈折する．したがって昼間は遠くの音が上空に消え去るようになるのに対し，夜間は昼間に比べて遠くの地表まで音が届くことになる．

大気中を伝わる音波の屈折は大気の温度変化だけでなく風の影響によっても生じる．音波は風下に向かっては速く進み，風上に対しては音速が遅くなる．風が吹いていると地表より上空のほうが風速が速い．この結果上空ほど風下に

## 7.3 波の干渉

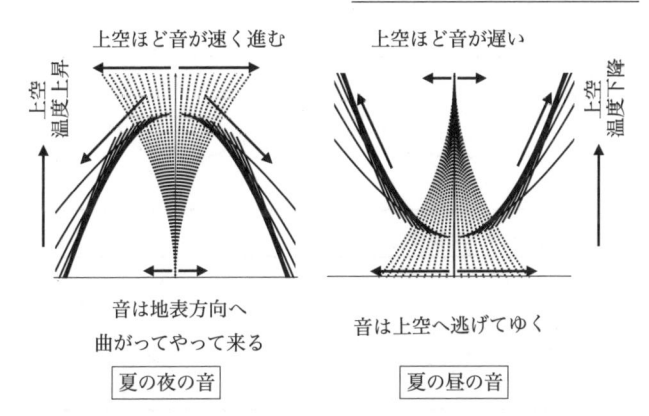

上空ほど音が速く進む／上空ほど音が遅い
上空温度上昇／上空温度下降
音は地表方向へ曲がってやって来る／音は上空へ逃げてゆく
夏の夜の音／夏の昼の音

図 7.8 大気中の温度変化による音の波面 (点線) の変化と屈折 (実線)

向かう音速が速くなることから，音の屈折が生じ風の強い日には普段と違って音が山を越えて届くこともありうる[25]）。

## 7.3 波の干渉

平面波が壁面あるいは境界面に入射すると入射波と反射波の二つが存在することになる。その結果入射波と反射波が加算されて音の大きさが空間の位置によって変化する。音波が重なり合って，互いに強め合ったり弱め合ったりする現象を**音の干渉**あるいは**波の干渉**という。波の干渉は空間に音の大きさの分布を形成する原理である。本節では平面波の足し算によって生じる干渉現象について述べることとしよう。

### 7.3.1 同一振動数を有する波の加算

空間に二つの波が存在するとき，それらの波は互いに足し算されることになる。図 7.9 は互いに同相あるいは逆相となる同一振動数の波 (A および B) の重なりの例である。図から同一振動数の波が重なり合って形成される波 (A+B) もまた同一の振動数となること，また互いに同相の波の加算では波は強め合い，逆位相の波の加算では互いに弱め合うことが理解できるであろう。

## 7. 平面波の伝搬

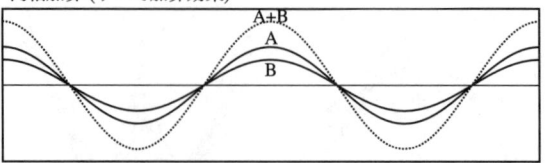

同相加算 (すべて加算効果)

逆相加算 (すべて減算効果)

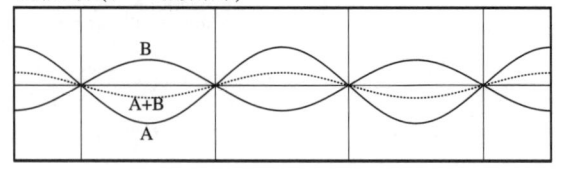

図 **7.9** 同相あるいは逆相の波の重なり

波の干渉は重なり合う波が同相あるいは逆相に限ることなく，互いに位相のずれた同一振動数の波の重なりにも見ることができる。重なる波の位相差が増大するにつれて波が弱め合う部分が生じる。図 **7.10** は互いに位相差を有する波の重なりの例である。波の重なりが互いに減算的となるところでは二つの正弦波の積 (A・B) の符号が負となる部分に対応する。位相差が 90° に達すると強め合う部分と弱め合う部分は半分づつとなる。このとき仮に二つの正弦波 A と B の振幅が等しいとすると，重なり合う波 A+B の振幅は $\sqrt{2}$ 倍になる。さらに位相差が増大して逆相 (180°) になるとすべての部分で弱め合う。

45° 位相差加算 (加算的)

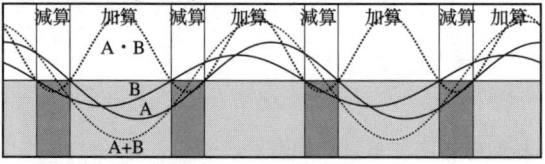

90° 位相差加算 (加算減算半々)

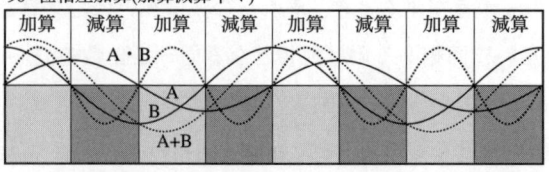

図 **7.10** 位相差をもつ波の重なり

### 7.3.2 逆向き平面進行波の重畳

すでに 5.3.3 項あるいは 6.1.3 項で述べた弦の自由振動または音響管内を伝搬する波動に関わる**定在波**も波の干渉によって生じるものである。固有振動姿態を表す定在波は固有振動数をもつ音波に観測されるものであった。しかし一組の互いに対向する平面波が自由空間を進行すると音波の振動数にかかわらず波の干渉によって定在波が生じることとなる。したがってこのような定在波は固有振動姿態とは呼ばない。

音が $x$ 軸に沿って正方向に進行することを表す音波を

$$f(x,t) = A\sin(\omega t - kx) \tag{7.13}$$

反対に負方向に進行する音波を

$$g(x,t) = A\sin(\omega t + kx) \tag{7.14}$$

と表そう。このとき二つの波が重畳されて生じる波は

$$p(x,t) = A\sin(\omega t - kx) + A\sin(\omega t + kx) = 2A\sin\omega t \cos kx \tag{7.15}$$

と表される。その結果 $kx = n\pi$ を満足する位置では二つの波が互いに強め合って常に音圧が最大 (山) となるのに対し

$$kx = (2n+1)\frac{\pi}{2} \tag{7.16}$$

を満足する位置では波が弱め合って音圧の谷となる。このように自由空間の中では音波の振動数によらず互いに振動数の等しい一組の対向する平面波があれば定在波が存在する。

音圧の山にて振動速度が零となる定在波では音のエネルギーの流れが生じないことはすでに述べたとおりである。しかし重なり合う左右に進む進行波の大きさに差があるときには，エネルギーの流れが生じて定在波は生じない。右側進行波を入射波，左側進行波を反射波としてみよう。大きさの異なる入射波と反射波が重畳した波の様子は

$$p(x,t) = \sin(\omega t - kx) + B\sin(\omega t + kx) \tag{7.17}$$

のように表すと想像がつきやすいと思われる。境界から反射してくる反射波の大きさ $B$ が入射波の振幅 (ここでは 1 とされている) に比べて小さいときには，入射波と反射波が重なり合うことによって，あたかも右側へ進む進行波にも見えるような波が作られることになる。図 **7.11** は互いに大きさの異なる進行波の重なりを式 (7.17) に従って計算した例である。反射波の大きさが小さくなるにつれて，定在波に見られた谷が埋められていくことが読み取れる。その結果，定在波の山となっていた部分は右側へ移動して，あたかも波が右側へ進んでいるかのようにも見ることができる。このような進行波は音波のエネルギーの一部が境界面で吸収されることを表している。

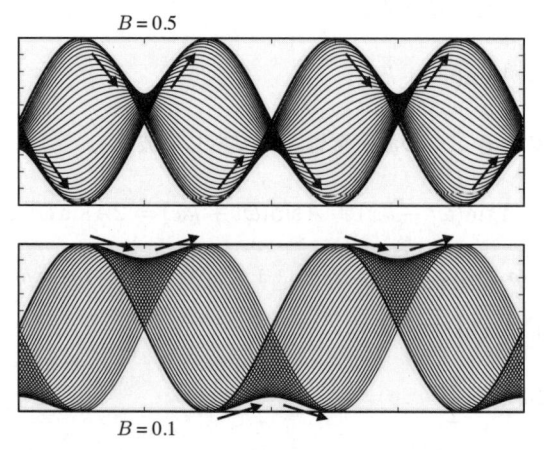

図 **7.11** 大きさの異なる進行波の重畳

### 7.3.3 波の干渉によって生じる音圧分布 (干渉縞)

波の干渉を解析した先駆者にはヤングならびにフレネルが知られている[33),45)]。波の干渉は複数の音源から放射される同一振動数の音波の重畳によっても生じる。図 **7.12** はヤングの光学実験[45)] のモデルである。図に示すように二つの音源 $S_1$ と $S_2$ 間の距離 $d$ に比べて十分遠い ($r_0 \gg d$) ところに観測点 P を考えよう。観測点 P の原点 O を通る中心軸からの距離を変えると，音波が強め合う

## 7.3 波の干渉

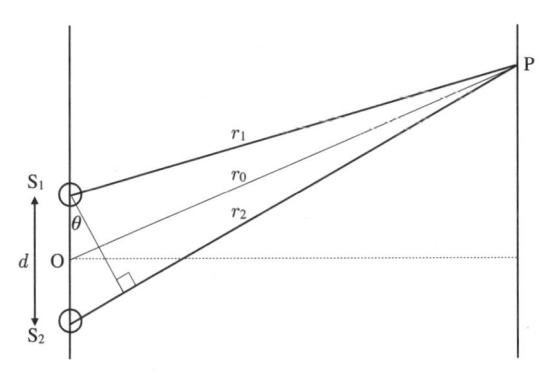

**図 7.12** 二つの音源による波の干渉が生じるモデル図

ところと弱め合うところが交互に現れる。このような干渉によって生じる波の強さの変化を光の明暗の変化に準えて**干渉縞**ということもある。

波の干渉は重畳する音波の間の位相関係に応じて生じるものである。重なり合う波の位相関係はそれぞれの波が観測点に到達する経路長の差によっている。この結果それぞれの音源から放射される波が互いに強め合うのは経路長の差が波長の整数倍 (同相加算) となる観測点である。反対に互いに弱め合うのは経路長の差が半波長の奇数倍 (逆相加算) となる観測点である。これらの干渉による音波の大きさの変化を表すイメージは図 **7.13** のようになる。二つの音源から放射される音波による干渉効果は，二つの音源からの距離の差が等しい観測点では皆等しいものとなる。したがって干渉効果は図 7.13 に見るような双曲線[1)]

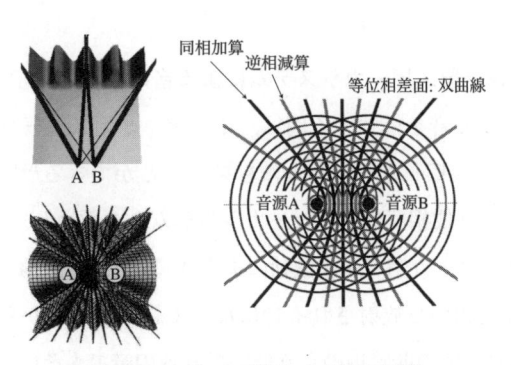

**図 7.13** 二つの音源による波の干渉

の組で特徴づけられることが理解されるであろう。

すでに述べたように音の干渉は同一の振動数をもつ二つの波が重なり合って起る波の現象を指している。しかしわれわれが経験する音の干渉の一つには2.5.4項で述べた音のうなりがある。うなりはわずかに異なる振動数を有する二つの音波が重なり合った結果，音の振幅が時間的に変化する現象である。したがって二つの波が重なった波動現象という意味では波の干渉と同種類の現象である。図 **7.14** を見れば，二つの波が互いに同相的である部分では強め合い，反対に逆相的なところでは弱め合っていることが読み取れる。このようにうなりは音の加算と減算が交互に繰り返すものである。

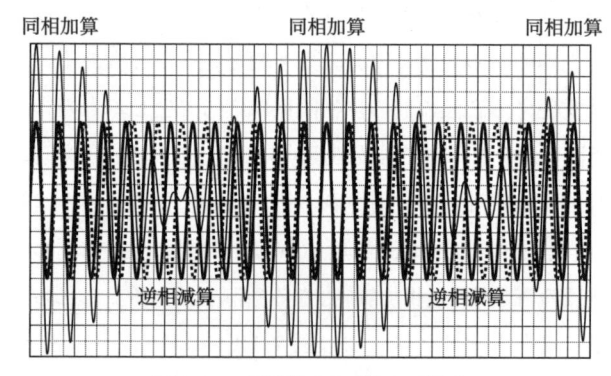

図 **7.14** 振動数のわずかにずれた二つの音の加算によるうなり

### 7.3.4 バスレフ形スピーカシステムによる音の干渉

音の干渉によって音を補強する例は，オーディオ用スピーカシステムに利用されるバスレフ形スピーカシステムにも見ることができる[13],[46]。**バスレフ形スピーカシステムは位相反転形スピーカシステム**とも呼ばれ，図 **7.15** に示すようにスピーカとスピーカ箱の連成振動による共鳴効果を利用するものである[13]。

スピーカの振動板から放射される音に加えて箱の開口部から放射する音を利用できれば，スピーカの共鳴振動より低い振動数の音でもその大きさを補強することができる。スピーカの振動系はスピーカの振動体を振動体を支える枠に取

## 7.3 波の干渉

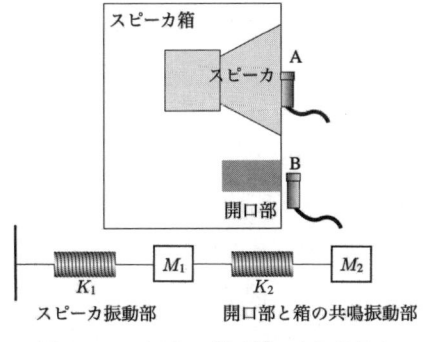

**図 7.15** バスレフ形スピーカシステム

り付けた構造となっている。したがってスピーカ振動は質量 $M_1$ を強さ $K_1$ のばねに結合させたばねと質量のような単振動系と考えることができる。図 7.15 に示したバスレフ形スピーカシステムは，スピーカ開口部の空気の質量を $M_2$, スピーカ箱内の空気の容積 $V_2$ から決まるばね定数を $K_2$ とすれば，図中に示したように 1 章で述べた連成振動系を構成することとなる。したがってスピーカ振動板の質量 $M_1$ の振動を $X_1$, 同様に開口部の振動を $X_2$ とすれば，スピーカ振動から開口部振動部への振動伝達比 $T_{12}$ はすでに 2.5.5 項に述べたように

$$T_{12} = \frac{\omega_2^2}{\omega_2^2 - \omega^2} \tag{7.18}$$

と表される。すなわちスピーカ振動の角振動数 $\omega$ がスピーカ箱容積と開口部質量から構成されるヘルムホルツ共鳴角振動数 $\omega_2$ に近いほど，振動の大きさが小さくてもスピーカから開口部へ大きな振動伝達が実現される。このヘルムホルツ共鳴の状態におけるスピーカから開口部への振動伝達は，あたかもどこかのお祭りで売っているようなゴムのついた水風船の遊びを連想させるであろう[19]。すなわちスピーカ振動はゴムで繋がれた風船に振動を与える役目を担っている。

ここで改めて式 (7.18) の振動伝達比の符号を見てみよう。スピーカ振動の振動数が共鳴振動数より低いときには振動伝達比は正，すなわちスピーカ振動部にあたる質量 $M_1$ と開口部にあたる質量 $M_2$ の振動はともに同じ向き (同相) となっている。反対にスピーカ振動の振動数が共鳴振動数より高いときには振動

伝達比は負となって，スピーカ振動部と開口部それぞれの質量の振動は互いに逆向き(逆相)となる。

人がバスレフ形スピーカを通して聴く音は，スピーカと開口部それぞれの振動から出る波が重なり合った結果生じる音圧変化によるものである。スピーカと開口部から出る音波が互いに加算的に干渉して強め合えば音の強さが増強し，反対に互いに減算的に干渉すれば音の強さは弱められてスピーカ開口部を設ける効果は生まれないことになる。図 7.16 はバスレフ形スピーカを形成する連成振動系の振動方向をスピーカ振動と開口部の振動方向に置き直したものである。図に見るとおりヘルムホルツ共鳴を境にスピーカと開口部の箱の内外に対する振動の向きは逆相から同相へ変化することがわかる。連成振動を構成する二つの質点の振動の向きを箱の内外に向かう空気振動の向きに置き直すことによって，連成振動の位相関係が逆転することに注目すべきであろう。

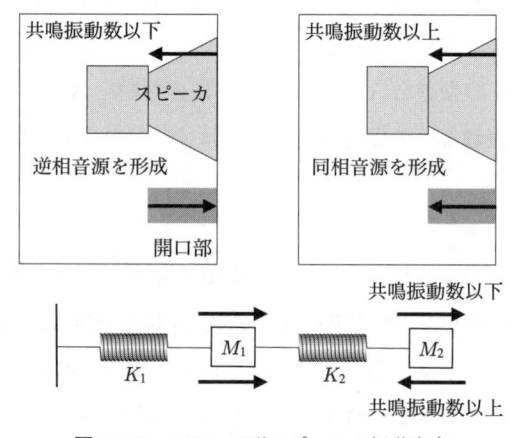

図 7.16　バスレフ形スピーカの振動方向

このことからヘルムホルツ共鳴振動数をスピーカ自身の共鳴振動数より低い振動数に設定することによって，スピーカの共鳴振動数より低い振動数から高い振動数に至る範囲で音の大きさを補強する開口部効果が期待できる。反対にヘルムホルツ共鳴振動数より低い振動数においては，開口部の振動はスピーカから放射される音波に対して減算的に干渉し音の強さは弱められる。

## 7.3 波 の 干 渉

　図 **7.17** はバスレフ形スピーカシステムのスピーカ (図 7.15 の A) ならびに開口部の直前 (同じく B) において音圧の振幅および位相変化を計測して，スピーカと開口部間の音圧差ならびに位相差を検出した例である．音圧差の図からヘルムホルツ共鳴振動数においてスピーカ直前の音圧が開口部に比べて大きく減少していることがわかる．すなわちスピーカの小さな振動から開口部へ大きな振動伝達が行われていると見ることができる．また位相差の図を見ればヘルムホルツ共鳴振動数を境に音圧位相差が逆相から同相に移り変わるのを確認することができる．

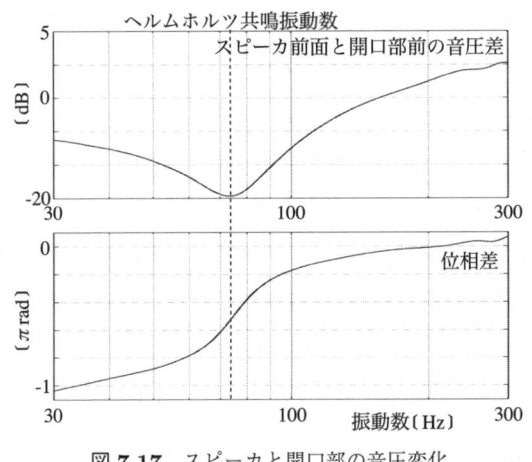

図 **7.17**　スピーカと開口部の音圧変化

　同様に図 **7.18** はスピーカから離れたところ (距離 0.64 m) でバスレフ開口部の開閉に伴う音圧変化を観測した例である．ヘルムホルツ共鳴振動数より少し低い振動数から上の振動数帯域では，開口部を開放することによって音圧が上昇するバスレフ効果を再確認することができる．同時にヘルムホルツ共鳴振動数を境に開口部の効果が減算的干渉から加算的増強へ移り変わるのを読み取ることもできる．このようにスピーカ箱に開口部を設けてヘルムホルツ共鳴器を構成することにより，ヘルムホルツ共鳴振動数より高い帯域においてスピーカからの放射音を増強することが可能となる．

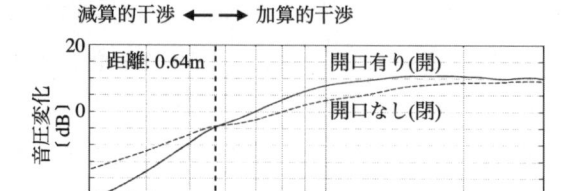

図 **7.18** スピーカ箱開口部による放射音圧の上昇効果

### 7.3.5 反射音による音の干渉

反射音と**直接音**(障害物に衝突することなく音源から観測点に伝わる音波)の重なりによる音の変化も音の干渉によるものである。われわれが音源から発せられる音を室内で収録しようとすると, 音を収録するマイクロホンには直接音と周囲の壁面による反射音の両者が到来する。室内では複数存在する反射音を簡略化して一つの反射音で代表することとしてみよう。

反射音は直接音に続いて (遅れて) 収録位置 (観測点) に到来する。直接音が到来してから反射音が来るまでの遅れ時間を $\tau$ [s] として, 音源が角振動数を $\omega$ とする正弦波を発しているとしよう。直接音が観測点に到来する時間を時間原点 $(t=0)$ とすれば, 観測点で観測される音圧 $p_M(t)$ は

$$p_M(t) = A(\cos\omega t + \cos\omega(t-\tau)) \qquad [\text{Pa}] \qquad (7.19)$$

と表すことができる。ただし壁面を完全反射面として反射係数を 1 と仮定する。したがって音圧の実効値の自乗 (**平均自乗音圧**) を上式 (7.19) の自乗値を一周期にわたって積分した平均値によって求めると

$$\frac{\overline{p_M^2(t)}}{\overline{p_0^2(t)}} = 2(1+\cos\omega\tau) \qquad (7.20)$$

$$\overline{p_0^2(t)} = \frac{A^2}{2} \qquad [\text{Pa}^2] \qquad (7.21)$$

$$p_0(t) = A\cos\omega t \qquad [\text{Pa}] \qquad (7.22)$$

が得られる[5]。ここで $p_0(t) = A\cos\omega t$ は直接音による音圧を表すものである。

図 **7.19** は音源の角振動数と反射音の遅延時間の積すなわち直接音と反射音の位相差 ($\omega\tau$) による平均自乗音圧の変化を示した例である[21]。また図の縦軸は直接音に反射音が重畳して得られる音圧の平均自乗音圧と直接音のみによる平均自乗音圧の比を対数表現したものである。

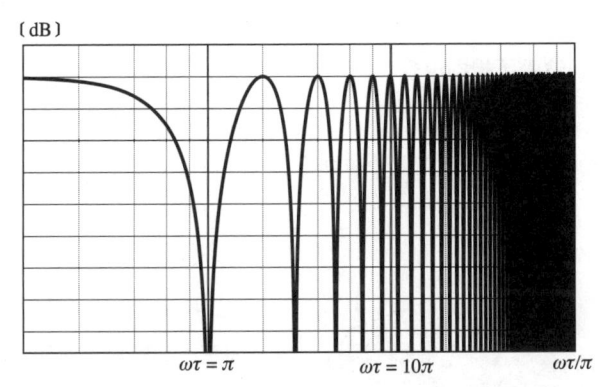

**図 7.19** 直接音と反射音による音の干渉の振動数による変化

このような対数表現はデシベル〔dB〕と呼ばれている。デシベルの計算方法については本書の付録を参照されたい。収録環境において観測点 (マイクロホン) が壁面上 (反射壁面にきわめて接近した状態) にあれば，反射音の遅れ時間が音源の振動数にかかわらずおおむね 0(すなわち直接音と反射音の位相差が $\omega\tau = 0$) となってマイクロホンで収録される音波の平均自乗音圧は反射壁面が存在しないときの平均自乗音圧 (直接音の平均自乗音圧) の 4 倍となる。これは反射壁が音の大きさを補強することを意味している。

しかし観測点が反射壁面から離れるにつれて壁面から反射する反射音の干渉効果は音を弱め合う方向に変化する。観測点が壁面から離れて反射音の遅延時間が $\tau$ であるとき，干渉効果は音源の振動数に依存する。すなわち $\omega\tau = \pi$ を満足する振動数に対しては，直接音と反射音の位相差が互いに逆位相となって，直接音が反射音によって打ち消されることとなる。このような振動数は図からも読み取れるように $\omega\tau = 2\pi f\tau = \pi$ の奇数倍ごとに無数に存在する。これは

例えば $\tau = 1\,\mathrm{ms}$ としたとき, 500, 1 500, 2 500 Hz, $\cdots$ の振動数成分の音波が取り除かれることを表している. このような音の変化 (劣化) を防ぐには, 振動数 $f = \frac{1}{2\tau}$ が収録対象とする音源の振動数範囲から外れるように観測点 (収録点) を設定することが必要である.

### 7.3.6　平面波の不規則重畳

われわれが普段気づかなくても, われわれの日常は多くの反射音に囲まれている. 仮に室内に設置したスピーカから再生される正弦波を聴きながら室内を歩いてみれば, 室内の場所による正弦波の大きさの不規則な変化に少なからず驚くことであろう. このような観測点 (受音点) の違いによる音の大きさの不規則変動は振動数が等しい多数の正弦波が互いに不規則な振幅と位相差をもって重畳する不規則干渉として理解することができる. 図 **7.20** に示すように音源から角振動数 $\omega$ の正弦波が放射されるとすれば観測点における音圧は前項に述べた反射音による音の干渉を複雑にしたものとなっている.

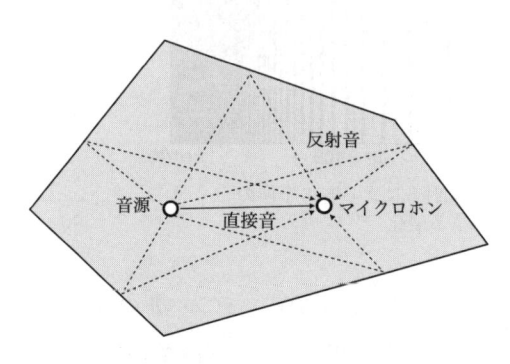

図 **7.20**　室内における直接音と反射音の不規則重畳

そこで前項で述べた直接音と反射音の干渉と同様に, 振幅と振動数の等しい二つの正弦波の重なりによる平均自乗音圧 $\overline{p^2(t)}$ を正弦波の振幅を 1, 角振動数を $\omega$, 二つの正弦波の初期位相角をそれぞれ $\theta_1, \theta_2$ として

$$\overline{p^2(t)} = 1 + \cos(\theta_1 - \theta_2) = 1 + \cos \Delta \theta \tag{7.23}$$

と表すことにしよう. ここで振幅は一定としたままであっても, 重なり合う二つの正弦波の初期位相角が不規則に変化すると, 受音点によって変化する位相差 $\Delta \theta$ に応じて受音点にて観測される平均自乗音圧も不規則に変化することと

なる。

図 **7.21** は重なり合う二つの正弦波の位相差 $\Delta\theta$ が不規則に変化するとき，平均自乗音圧の分布を濃淡模様として平面上に図案化したものである。不規則に変化する位相差 $\Delta\theta$ に応じて $\cos\Delta\theta$ の値を考えることによって，1 の周りに不規則に分布する平均自乗音圧の様子を想像することもできるであろう。

三角関数 (正弦波あるいは余弦波) は絶対値が大きいところほど値の変化率 (傾き: 微分係数の大きさに対応) が少ない。例えば変数 $x$ を等間隔に区切って正弦波 $\sin x$ を観測すれば，正弦波の絶対値の大きいところほ

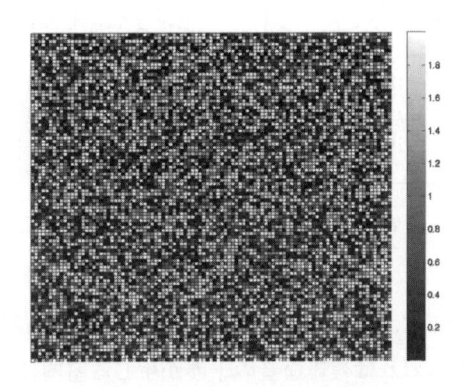

図 **7.21** 不規則に変わる位相差を有する二つの正弦波の重畳による平均自乗音圧の変化を示す図案例

ど同じような値が続いて観測されることになる。これは同時に正弦波の観測値に対して変数 $x$ の変化が大きいことを意味している。反対に絶対値の小さいところでは変数 $x$ の変化が少なくても観測値は大きく変化することになる。

この正弦波の特徴は図 **7.22** のように正弦波のグラフを 90° 回転して眺める (逆関数表示) ことによって直観的に理解することもできるであろう。図中の接線 (破線) の傾きが大きいほど観測値に対する変数 $x$ の変化が大きく，反対に傾きが小さくなると変数 $x$ の変化も小さい。すなわち変数 $x$ の変化の大きさは正弦波観測値の出現頻度の高低に対応している。図 **7.23** に示した頻度分布を見ると，正弦波の絶対値が大きいところで，図 7.22 の接線の傾きに対応する出現頻度が増大することが読み取れる。

正弦波の重なりが作り出す不規則模様は，室内で観測される音の不規則分布を想像するに役立つであろう。実際の室内は多数の正弦波の不規則重畳によって構成されている。多数の反射音によって不規則変化をする平均自乗音圧の頻度

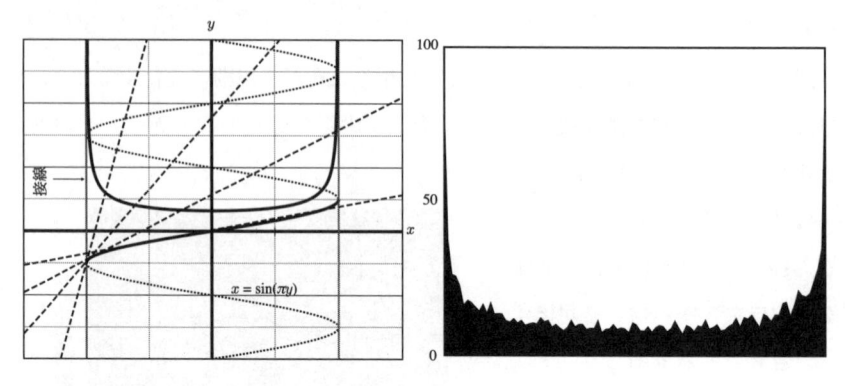

**図 7.22** 正弦波の逆関数とその接線

**図 7.23** 図 7.21 に示した平均自乗音圧の頻度分布

分布は，重なり合う正弦波の数が増大するにつれて指数分布に漸近する[21],[47]。われわれは複雑な音の干渉が生じる室内において日常会話を交している。しかし通常では音の不規則干渉によってわれわれの会話に大きな支障を生じることはない[48]。人間の音声聴知覚機構に学ぶところは大きい。平均自乗音圧の頻度分布に関する統計理論の詳細は文献 21), 47), 49), 50) を参照されたい。

# 8 球面波の伝搬

波面が音源の中心から球面となって伝搬する音波を**球面波**と呼ぶ。球面波は波面が球面上に広がりながら伝搬する。このことから球面波の音圧は音源からの距離に反比例して小さくなる。球面波を発生させる源に**点音源**と呼ばれる音源が考えられている。点音源による球面波の発生と伝搬に伴う現象を考察することによって，振動する音源から媒質中に音が伝わる仕組みをより深く理解することができるであろう。本章では音源と球面波の発生という視点から，球面波が伝わる仕組みを考察することとしよう。

## 8.1 球面波による音圧と振動速度

これまで述べてきたように平面波はどこまでも一定の音圧 (実効値) を伝える波であった。しかしわれわれは広い空間で音を出している音源に近づく (あるいは音源から遠ざかる) につれて音の大きさが大きく (小さく) なることを経験として知っている。また多くの反響に埋もれて音声が聞き取りにくいときには，われわれは無意識のうちに音を出していると思われる音源に近づいて音を聞き取ろうとすることもある。これらのわれわれの経験は音響管の開口部を完全反射面と仮定すると音響管から音が外へ伝わらないという現象とともに，平面波の伝搬だけでは説明できない波の生成・伝搬現象があることをわれわれに考えさせるものである。音源からの距離による音の大きさの変化は，平面波に代わって球面波と呼ばれる音波を発生する音源を考えることによって説明できる現象である。ここでは球面波を発生する音源のモデルとして点音源を取り上

げることとしよう。

### 8.1.1 呼吸球と対称球面波

すでに 4.3.4 節でも述べたとおり音波を発生する源を**音源**あるいは波源という。**音源の強さ**は音源が振動することによって排除する周囲の媒質の体積変化すなわち**体積速度**$[m^3/s]$を表している。半径が小さい球状の音源を考えよう。音源全体が一様に膨張と収縮を繰り返すとき音源を**呼吸球**と呼ぶ。呼吸球の半径が音波の波長に比べて十分小さいとみなせるとき呼吸球は**点音源**とも呼ばれる。点音源あるいは呼吸球が発生する音波を球面波の中でも**対称球面波**という。

対称球面波は図 **8.1** に見るとおり，呼吸球の中心から球面状に伝わる波を生成する音源である。音源から発生された音波は音源からの距離を半径とする球面状に広がって空間を伝わる。その結果，球面の面積が広がる分だけ波面の単位面積当りに流れる音のエネルギーの密度は (音源からの距離の自乗に反比例して) 減少する。これは音源から発せられて伝搬する音のエネルギーが一定であるにもかかわらず，波が伝わる広さ (波面の面積) が距離の自乗に正比例して増大することを思い浮かべればよいであろう。こうして音源に近づくほど音が大きくなるというわれわれの経験的事実を理解することができる。

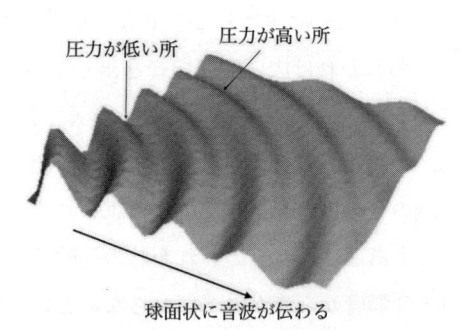

図 **8.1** 対称球面波の波面

しかし球面上に広がる波面の広がりからも想像されるとおり，音源から離れるほど波面の広がりの度合いは小さい。したがって音源から遠ざかると球面波も

やがては平面波と同等であるとみなすことができるようになる。このような音源からの距離の自乗に反比例して音のエネルギーが減少することは，文献 51), 52) によれば William Petty によって 1674 年に言及されている。

### 8.1.2 点音源による音圧と振動速度

呼吸球の中心 (あるいは点音源) から $r$ 〔m〕離れた点における音圧 $p(r,t)$ と音源の体積速度との関係は，これまで平面波においても考察したように力と加速度に関する運動法則を用いて導出することができる。図 8.2 に示すように音源から $r$ 〔m〕離れた点において形成される波面とさらに微小距離 $\Delta r$ 〔m〕だけ離れた波面の間に作られる微小 (薄い) 球殻を想定しよう。音波が伝わる媒質の体積密度を $\rho_0$ 〔kg/m$^3$〕とすれば，この薄い球殻内部に含まれる媒質の質量は $\rho_0 4\pi r^2 \Delta r$ 〔kg〕と表すことができる。

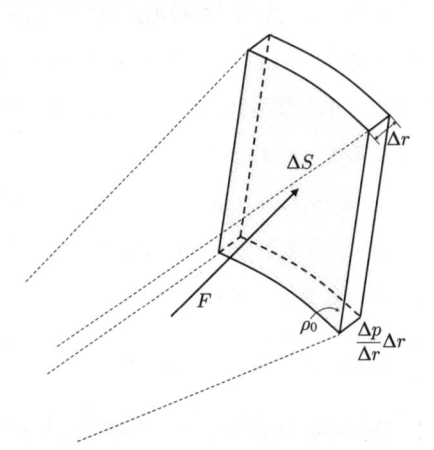

図 8.2 対称球面波が進む波面と媒質微小部分

一方薄い球殻部分に加わる力 $F$ 〔N〕は，音源中心から $r$ 〔m〕離れた波面の微小変化 $\Delta r$ に対する音圧の増加あるいは減少 ($\Delta p$) の割合を $\Delta p/\Delta r$ とすれば

$$F = -\frac{\Delta p}{\Delta r} \cdot 4\pi r^2 \cdot \Delta r \qquad 〔\text{N}〕 \tag{8.1}$$

と書くことができる。ここで負号は球殻内部に向かう力を正と表すことによっている。したがって球殻内部の微小素片に働く力と加速度の間には，振動加速度 $\Delta v/\Delta t$ 〔m/s〕を体積加速度に換算して

$$\frac{\Delta q(t-r/c)}{\Delta t} = \frac{\Delta v}{\Delta t}4\pi r^2 \tag{8.2}$$

とすれば

$$\frac{\rho_0}{4\pi r^2}\frac{\Delta q(t-r/c)}{\Delta t} = -\frac{\Delta p}{\Delta r} \qquad 〔Pa/m〕 \tag{8.3}$$

なる関係が成り立つ。この結果音源中心から $r$ 〔m〕離れた波面における音圧〔Pa〕は

$$p(r,t) = \frac{\rho_0}{4\pi r}\frac{\Delta q(t-r/c)}{\Delta t} \qquad 〔Pa〕 \tag{8.4}$$

のとおり，音源の体積速度の変化割合 (**体積加速度**) に比例することになる。すなわち音圧が音源の振動加速度に比例して生じることが球面波の発生と伝搬を考えるうえで重要である。また球面波の音圧は式 (8.4) のとおり音源からの距離に反比例して小さくなることがわかる。

点音源の強さ $q$ 〔m$^3$/s〕が $q(t) = Q_0\cos\omega t$ のとおり周期を $\dfrac{2\pi}{\omega}$ とする正弦的変化を繰り返すとしよう。音源から $r$ 〔m〕離れた点における音圧 $p(r,t)$ 〔Pa〕は音源の体積加速度を求めることによって

$$p(r,t) = \frac{-\omega\rho_0}{4\pi r}Q_0\sin(\omega t - kr) \qquad 〔Pa〕 \tag{8.5}$$

と表される。球面波の音圧振幅は音源からの距離に反比例して減少するのに対して，音源からの距離に比例して音圧の位相が変化する様子は平面波と同様である。そこで改めて音源から $r$ 〔m〕離れた点における音圧 $p(r,t)$ 〔Pa〕と振動速度 $v(r,t)$ 〔m/s〕の関係を以下に考察してみよう[25]。

音源から $r$ 〔m〕離れた点における振動加速度〔m/s$^2$〕を $\Delta v(r,t)/\Delta t$ と表すことにすれば，力と加速度の関係は式 (8.2),(8.3) より

$$\rho_0\frac{\Delta v(r,t)}{\Delta t} = -\frac{\Delta p}{\Delta r} \qquad 〔Pa/m〕 \tag{8.6}$$

## 8.1 球面波による音圧と振動速度

のように書き表すことができる。したがって上記の式 (8.4) に示される音源の体積加速度と音圧の関係を用いれば，球面波における振動速度 $v\,[\mathrm{m/s}]$ を

$$v(r,t) = -\frac{1}{4\pi}\frac{\Delta\left(q(t-r/c)/r\right)}{\Delta r} \qquad [\mathrm{m/s}] \qquad (8.7)$$

のとおり表すことができる。

　音源の体積速度変化 (体積加速度) が音圧に及ぼす影響が音源からの距離に反比例して減少するのに対して，振動速度は $q(t-r/c)/r$ の傾き (変化割合) に比例する。これは音源が観測点の振動速度に及ぼす影響は，観測点周囲に生じる音圧の局所的な変化に現れることを意味している。この結果音圧と振動速度が互いに同相であった平面波に比べると，球面波における音圧と振動速度の関係は音源からの距離に依存してさらに複雑である。

　式 (8.7) に示す $q(t-r/c)/r$ の傾きと振動速度との間の関係を二つの関数の積あるいは商に対する微分演算[5] (傾きを求める演算) を用いて

$$\begin{aligned}v(r,t) &= \frac{1}{4\pi}\left(\frac{1}{cr}\frac{\Delta q(t-r/c)}{\Delta t} + \frac{q(t-r/c)}{r^2}\right)\\ &= \frac{p(t-r/c)}{\rho_0 c} + \frac{q(t-r/c)}{4\pi r^2} \qquad [\mathrm{m/s}]\end{aligned} \qquad (8.8)$$

と書き換えてみよう。上式 (8.8) は，対称球面波の振動速度が音源の観測点に及ぼす二つの効果で表されることを意味している。すなわち音源の体積加速度に比例し音源からの距離に反比例する第 1 項に加えて，音源の強さに比例し音源からの距離の自乗に反比例する第 2 項の和として球面波の振動速度が表される。しかし音源からの距離が増大して波面が広がると (波面の面積の増大に反比例して) 第 2 項が第 1 項に比べて減少して，振動速度はおおむね第 1 項に従うこととなる。

　式 (8.8) の第 1 項は音源から遠く離れたところで顕著となる音波の平面波的な性質を表すものとも解釈することができる。すなわち第 1 項は音圧と振動速度の比が音源からの距離にかかわらず一定となる平面波の性質を表している。ここで再び点音源の強さ $q\,[\mathrm{m^3/s}]$ が $q(t) = Q_0\cos\omega t$ のとおり正弦運動を繰り返すとしよう。音源から $r\,[\mathrm{m}]$ 離れた点における振動速度 $v(r,t)\,[\mathrm{m/s}]$ は

$$v(r,t) = \frac{-\omega}{4\pi rc} Q_0 \sin(\omega t - kr) + \frac{Q_0}{4\pi r^2} \cos(\omega t - kr)$$
$$= \frac{p(t-r/c)}{\rho_0 c} + \frac{Q_0}{4\pi r^2} \cos(\omega t - kr) \qquad [\text{m/s}] \qquad (8.9)$$

と表される。振動速度の第1項は式 (8.5) で表される音圧と同相となるのに対して, 第2項は音圧と 90° の位相差を有する成分となる。この第2項の存在が球面波の特徴である。

式 (8.9) はまた音速ならびに音源の振動数による振動速度の変化も表している。平面波の性質を表す第1項 (音圧と同相となる振動速度) が音源の角振動数と音速の比に比例するのに比べて, 音圧と 90° の位相差をもつ振動速度成分を表す第2項は音源からの距離のみによっている。音源の振動数を一定とすれば, 音速が速い媒質ほど球面波の特徴を表す第2項の効果が顕著となる。また音速を一定とすれば音源の振動数が高くなるにつれて, 平面波の特徴となる第1項の効果が支配的に現れることとなる。

### 8.1.3 媒質の非圧縮性効果

前項で述べた球面波における音圧と振動速度の位相関係は波面が平面ではなく球面となることに起因する。この球面となる波面が波の伝搬に及ぼす影響は媒質の**非圧縮性効果**として理解することができる。音源の振動から音源を取り囲む媒質へ音が伝わるためには, 媒質中に密度の不均一 (疎密) が生じなければならない。すなわち媒質内に局所的な密度変化 (圧縮あるいは膨張) が生じない限り音波は伝わらない。このような局所的な圧縮または膨張を生じさせない媒質の性質を**媒質の非圧縮性**と呼ぶ。

振動体の振動数が低く振動体が媒質内でゆっくりと動く場合には, 媒質を非圧縮性流体と見ることができる。すなわち物体の振動に伴う物体周囲の媒質の動きを想像してみれば, 物体の動きに応じて物体に近接する媒質の一部が前方 (後方) に動いても, 周囲媒質が後方 (前方) に流れて媒質内には圧縮が生じないと考えてもよいであろう。これは, うちわで扇いでも音が出ないことを思い浮かべればさらに理解できることであるかと思われる。しかし振動体の動きが速

## 8.1 球面波による音圧と振動速度

くなるにつれて (振動体の振動数が上昇すると) 媒質の流動は振動体の運動に追従できなくなって媒質内には圧縮または希薄化される部分が生じ，その結果遠くへ伝搬する音波が生成されることになる[9]。これは球面波の振動速度において音圧と同相なる成分が支配的となることに対応する。波面が平面とみなされる平面波が作り出される過程では，無限に大きいとみなされる振動体あるいは逆に管内に閉じこめられた媒質の条件から，音源の運動に伴う媒質の流動が生じない。その結果平面波においては音源の振動数によらず媒質の非圧縮性効果が現れることはない。

音源付近の媒質に生じる球面波の振動速度は主として流体の非圧縮性によるものである。すなわち前項で述べた音圧と $90°$ の位相差が生じる振動速度は，音源の振動速度と比べれば同相となって，媒質の非圧縮性によって生じる振動速度を意味している。この非圧縮性を表す振動速度は音圧と同相となる平面波的な振動速度に比べて，音源の近くになるほど顕著となる。式 (8.9) の第 1 項に示した音圧と同相となる平面波的な振動速度は，音源振動数の上昇とともに同式第 2 項に比べて優位となる。これは音源振動の振動数が高くなるにつれて流体の追従性が低下して音源振動と同相に振動することが困難となって，媒質の非圧縮性の影響が減少すると解釈することができる。

平面波的振動速度の大きさは音速に反比例して減少するものでもあった。すなわち音速が速い媒質中ほど音源を取り囲む媒質の非圧縮性の影響が顕著となる。振動体からの音の発生と伝搬については 4.4.2 項においても言及した。振動体の移動速度 (あるいは振動体上を伝わる波の速さ) が音速を超えると音は振動体の後方遠方に伝搬する。反対に振動体の移動速度が音速に比べて遅い場合には音は遠方に伝わりにくい。この現象は音源の移動速度が遅い場合には音源付近の媒質中に局所的密度変化が生じにくいという意味から，等価的に媒質の非圧縮性効果と解釈することもできるであろう。音源の振動から生成される音波の音圧と振動速度の関係に現れる媒質の非圧縮性の影響は，球面波のエネルギーを考察することによってさらによく理解することができる。

## 8.2 音源の音響出力

### 8.2.1 点音源の強さと球面波のエネルギー

音が縦波として媒質中を伝わる速さは球面波となっても変わりはない。球面波の伝搬においても波の伝搬に伴う単位体積当りのエネルギー〔J/m³〕(**音響エネルギー密度**という) は，平面波の位置エネルギーあるいは運動エネルギーと同様に

$$E = \frac{1}{2}\rho_0 v^2 + \frac{1}{2}\frac{1}{\rho_0 c^2}p^2 \qquad \text{〔J/m}^3\text{〕} \tag{8.10}$$

と表される。ここで第1項は音波伝搬における媒質微小部分の運動エネルギー，第2項は位置エネルギーを表している。

媒質中を正弦振動する球面波が伝搬するときの音響エネルギー密度を求めてみよう。前節で求めた音源から $r$〔m/s〕離れた位置での球面波の音圧を表す式 (8.5) と振動速度を与える式 (8.9) を式 (8.10) に代入すれば，**球面波の音響エネルギー密度**は音源振動周期の一周期にわたる時間平均をとることによって

$$\overline{E} = \frac{1}{2}\rho_0 \left(\frac{Q_0}{4\pi}\right)^2 \left(\frac{\omega^2}{r^2 c^2} + \frac{1}{2r^4}\right) \qquad \text{〔J/m}^3\text{〕} \tag{8.11}$$

と表すことができる。ここで第1項が音源から放射される音波によるエネルギーを表すのに対して，第2項は媒質の非圧縮性効果によって生じる流体の流れのエネルギーを表すものと解釈することができる[25)]。

第1項が示す音波によるエネルギーは音源振動数の自乗に比例して上昇する。一方 $r^4$ に反比例して減少する第2項は音源の振動数に無関係となる。音源から離れるにつれてこの流れによるエネルギーは第1項が表す音波のエネルギーに比べて減少する。その結果振動数が低い振動ほど第2項が表す媒質の非圧縮性効果が顕著となって，音源振動は音波として媒質中に伝わりにくい (放射されにくい) こととなる。

式 (8.11) は同一の音源であっても音速の速い媒質中では音のエネルギーが低下することを示している。この事実は J.Leslie(1837) が水素ガス中では鐘の音

が小さくなることを実験で突き止めたのに続いて，ストークス (1868) によって明らかにされたといわれている[9]）。音速の増大とともに音波に起因する第1項は，媒質の非圧縮性の影響を表す第2項に比べて小さくなっていく。すなわち音速が増大するにつれて音の波長が長くなると，音源の振動数が低下したとみなされる。その結果媒質の非圧縮性効果は増大することとなる。

音源から十分離れたところで (流れのエネルギーが無視できるように)，音源を中心とする半径 $r$ と $r+c\Delta t$ に囲まれた体積 $4\pi r^2 c\Delta t$ 〔m³〕の球殻部分に含まれるエネルギーを式 (8.11) に示した音響エネルギー密度 $\overline{E}$ を用いて $\overline{E}4\pi r^2 c\Delta t$ 〔J〕としよう。これから単位時間 ($\Delta t \to 1$) に伝わるエネルギー $P$ 〔J/s = W〕を求めると**音源の音響出力**〔W〕が得られる。音源の音響出力は音源が単位時間に放射する音のエネルギーを表している。音源はいろいろな方向に音を放射する。音響出力は単位時間に音源から放射される音のエネルギーを合計したものである。

### 8.2.2 点音源の音響出力

点音源の音響出力 $P_0$ 〔W〕を求めると

$$P_0 = \overline{E}4\pi r^2 c = I \cdot 4\pi r^2 = \frac{\rho_0 \omega^2 Q_0^2}{8\pi c} \quad 〔W〕 \tag{8.12}$$

が得られる。点音源の音響出力は音源の角振動数 $\omega$ 〔rad/s〕あるいは強さ $Q_0$ 〔m³/s〕の自乗に比例して増大する。すなわち低い振動数で振動する音は高い振動数に比べて放射されにくい。また媒質を伝わる音速 $c$ 〔m/s〕が $c^2 = \kappa/\rho_0$ と表されることから，媒質の体積弾性率 $\kappa = \gamma P_0$ が一定であるとすれば，音速の上昇とともに媒質の密度 $\rho_0$ が小さくなって音響出力は低下する。ここで $P_0$ は音波が生じていないときの媒質の圧力〔Pa〕，$\gamma$ は比熱比を表す。

音源の振動から音源を取り囲む媒質に音を発生するしやすさは，音源近傍の音圧と振動速度の位相差に着目して理解することもできる。式 (8.12) の音響出力を用いれば前項の音響エネルギー密度 $\overline{E}$ 〔J/m³〕から，音源から $r$ 〔m〕離れた受音点における音響インテンシティー〔W/m²〕を

$$I \cong \frac{P_0}{4\pi r^2} \quad [\text{W/m}^2] \tag{8.13}$$

と表すことができる。

音圧と振動速度をそれぞれ記号化して

$$p(t) = A \sin \omega t \tag{8.14}$$

$$v(t) = B \sin(\omega t + \theta) \tag{8.15}$$

と表してしてみよう。音圧と振動速度の積 $p(t) \cdot v(t)$ の一周期にわたる平均値を $\overline{p(t)v(t)}$ という記号で表すと

$$\overline{p(t)v(t)} = \frac{AB}{2} \cos \theta \tag{8.16}$$

となって平均値の大きさは音圧と振動速度の位相差 $\theta$ によることがわかる。位相差が 0 であれば平均値の大きさは最大となり，反対に位相差が $\pi/2$ のとき最小で 0 となる。

式 (8.16) において位相差が $\pi/2$ を超えたとき，エネルギーに対応する式 (8.16) の積が負になることに大きな戸惑いを感じる読者も少なからずいることであろう。ここで 2.5.3 項において，結合する振動系のどちらか一方のみを駆動源であると特定できない例に言及したことを思い出そう。位相差の正から負への符号変化は他を駆動する音源として着目していたものが，逆に駆動される側に交代したときの変化を表すものとして解釈することができる。すなわち式 (8.16) の位相差が $\pi/2$ を超えていたとすれば，その振動系は他の振動系から駆動されていることを示している。

球面波の音圧と振動速度の間の位相関係を改めて考えてみよう。音波の伝搬を生じさせる音圧と振動速度の同相成分に着目すれば，音圧と振動速度は

$$p(r, t) = \rho_0 c v_0 \quad [\text{Pa}] \tag{8.17}$$

$$v_0(r, t) = -\frac{Q_0}{4\pi} \frac{\omega \sin(\omega t - kr)}{rc} \quad [\text{m/s}] \tag{8.18}$$

となってそれぞれの振幅は振動数に比例して増大し，いずれも音源からの距離

に反比例して減少する。ここで $P = \overline{p(t)v_0(t)} \cdot 4\pi r^2$ を計算すると音源の音響出力が得られる。

一方媒質の非圧縮性に起因する振動速度の 90° 位相差成分に着目すれば

$$v_{90}(r,t) = \frac{Q_0}{4\pi} \frac{\cos(\omega t - kr)}{r^2} \qquad [\mathrm{m/s}] \qquad (8.19)$$

のとおり振動速度振幅は振動数に無関係に一定となる。また音圧の大きさが音源からの距離に反比例して減少するのに対して振動速度の大きさは距離の自乗に反比例して減少する。したがって音源近傍の振動速度は媒質の非圧縮性に起因する 90° 位相差成分 (音源の振動速度と同相成分) が支配的となる。この 90° 位相差成分に着目して音響出力を求めると 0 となることが確かめられる。すなわち音響管の開口端を完全反射面とみなしたときのように，音圧と振動速度の位相差が 90° であるとき音源から遠方に音は放射されないこととなる。音圧が，音源からの距離の大小によらず式 (8.17) によって表されることの背景には，音圧と同相になる振動速度成分の存在がある。

### 8.2.3 反射壁による音源の音響出力の変化

音源を設置する場所によって音源から放射される音の大きさあるいは音色が変化することはわれわれが日常経験することである。図 8.3 に示すように反射壁の近くに設置された点音源による音場を考えてみよう。このような剛壁面によって生じる反射音は，図のように剛壁面をあたかも鏡に見立てて仮想的に設

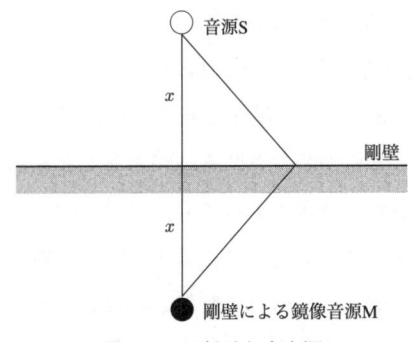

図 8.3 反射壁と点音源

置した**鏡像音源**から放射される音波によって表すことができる。

音源 S 上に生じる音圧は音源 S が生成する音圧に鏡像音源 M が音源 S 上に及ぼす音圧が加わったものである。この鏡像音源が音源に及ぼす影響は音源が放射する音響出力にも現れることになる。図 **8.4** は音源の振動速度が一定であるとしたとき，音源近傍の剛壁面によって生じる音響出力の変化を計算した例である。ここで $P_0$ は反射壁がない自由空間における点音源の音響出力である。図の横軸は音源と壁面との距離 $x$ [m] と音波の波定数 $k$ [1/m] の積に関するものである。

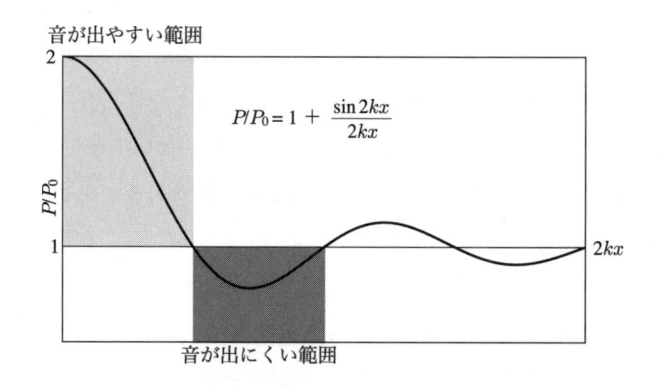

$$P/P_0 = 1 + \frac{\sin 2kx}{2kx}$$

図 **8.4** 反射壁近傍に置かれた点音源の音響出力特性

音源を壁面上に設置すれば ($kx=0$) 音源から放射される音のエネルギーは 2 倍に上昇する。このことから音源を剛壁近くに設置すれば大きな音が出やすいものと一般に想像することとなる。しかし音源が壁面から離れるにつれて，音源の音響出力は反射壁がないときに得られる音源の音響出力より減少する ($P/P_0 < 1$) ことがある。これは鏡像が音源上に及ぼす音圧が音源自身による音圧と逆位相となって音圧が相殺される音があることを示している。このように壁面の近くに設置された音源であっても，音源と壁面との距離によって壁面からの反射音が音源から音を放射しにくくする場合があることに注意すべきである。壁面から音源が離れるにつれて反射壁の音響出力に及ぼす影響は無視できるほどに小さくなる。

### 8.2.4 位相差をもって振動する一組の音源対による音響出力

音源付近にある剛壁による音源の音響出力変化から，互いに位相差をもって振動する音源の組による音響出力を考察することができる。鏡像音源の代わりに振幅は等しくても位相差をもって振動する一組の音源を考えよう。図 8.5 は互いに逆位相正弦波によって駆動された音源の組による音響出力の変化を測定した例である[21),53)]。図の縦軸は一つの音源が放射する音響出力を $P_0$〔W〕とするとき，音源対から放射される音響出力 $P$〔W〕を $P_0$〔W〕との比を用いてデシベル表示したものである。対数演算を用いたデシベル表現については付録を参照されたい。音源が互いに接近して設置されるほど音響出力は減少し，互いに離れれば音響出力は逆相音源であってもそれぞれの音源の音響出力の和すなわち $2P_0$〔W〕(3 dB の増大) となる。振動数が等しく逆位相正弦波で駆動された音源対による音響出力の減少は，それぞれの音源上で生じる音圧の中で音源の体積速度と同相になる成分が弱められる。この結果たとえ音源が大きく振動しても二つの音源が近接して存在した逆相駆動音源対からは，音が放射されないこととなる。

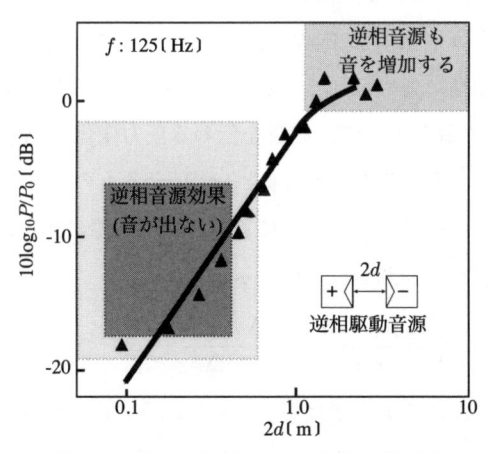

図 8.5 逆相駆動音源対の音響出力特性例
(文献 21) 図 6.5，文献 53) 図 1)

すでに 3.1.3 項でも述べたように，われわれはスピーカを使って音を聴くときにはスピーカ箱にスピーカを取り付ける。スピーカを箱に入れずに使用する

と,3.1.3 項と違って今度はスピーカ振動面の前方と後方に生じる音圧変化は互いに逆位相となる.この状態は上図の逆相駆動音源対の音源間距離が極端に小さい状態と考えられるものである.図の横軸の値が小さいところに着目すれば,スピーカから十分な音量を期待することができないことが読み取れるであろう.スピーカを箱に入れずに使用しても音楽を楽しむことには不向きである.

## 8.3 初期変位と球面波の伝搬

これまでに 5.1 節では初期変位が一次元方向に伝わる波の形を考察した.本章で論じている球面波の伝搬においても同様な現象が生じている.この球面波が伝搬する現象を明らかにしたのはポアソンの解析として知られている[36].本節では初期変位が球面波として空間を伝わる様子を文献[9),21),36),54),55)]を参照しながら考察することとしよう.

### 8.3.1 初期条件と球面波の伝搬

図 8.6 に示すように領域 $D$ 内の $r < R$ に閉じこめられた媒質の圧力 (凝縮) が風船の内部のように高められているとしよう.この領域を囲む仮想的な壁が $t=0$ にて取り除かれたとして,媒質を伝わる圧力変化 (媒質の密度変化) を考察してみよう.この圧力変化は球面波として伝わるものと考えることができる.

球面波の音圧と体積加速度の関係に着目して,音源の体積速度 $q$ ならびに音源からの距離 $r$ 離れて観測される音圧 $p(r,t)$ を

$$p(r,t) = \frac{\rho_0 c}{4\pi r}\left(\frac{\Delta q(ct-r)}{\Delta r} - \frac{\Delta q(ct+r)}{\Delta r}\right) \quad [\text{Pa}] \quad (8.20)$$

と表してみよう.ここで第 1 項は中心から外向きに伝わる球面波,第 2 項は外側から中心に向かう波を表している.ただし $\rho_0$ は媒質の体積密度である.また上式 (8.20) では振動変位の時間変化割合と空間方向に見た変化割合の比が波の伝搬速度に等しいことが利用されている.

いま式 (8.20) の第 1 項と第 2 項はまだ $t=0$ では体積速度が生じていないと

## 8.3 初期変位と球面波の伝搬

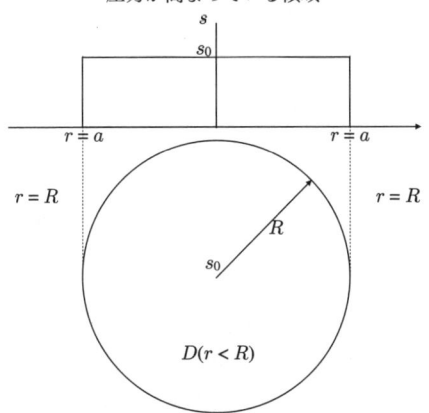

図8.6 球面波が伝わる初期条件

考えると

$$q(r) = q(-r) = 0 \quad [\mathrm{m^3/s}] \tag{8.21}$$

のとおり初期条件を表すことができる。また圧力の高い媒質が $r < R$ (風船内部に相当) に閉じこめられている状態, すなわち $t=0$ における $r<R$ で一様に生じている初期凝縮を $s_0$ とすれば

$$\frac{\rho_0 c}{4\pi r}\left(\frac{\Delta q(-r)}{\Delta r} - \frac{\Delta q(r)}{\Delta r}\right) = \rho_0 F(r) \tag{8.22}$$

$$F(r) = \begin{cases} c^2 s_0 & (r \leq R) \\ 0 & (r > R) \end{cases} \quad [\mathrm{Pa}] \tag{8.23}$$

のようにもう一つの初期条件を表すことができる。この二つの初期条件式 (8.21),(8.22) から

$$\frac{1}{4\pi}\frac{\Delta q(r)}{\Delta r} = -\frac{1}{4\pi}\frac{\Delta q(-r)}{\Delta r} = -\frac{r}{2c}F(r) \tag{8.24}$$

という関係が導かれる。

すでに式 (8.20) で表されていた球面波による音圧を上式 (8.24) の関係を利用して

# 146　8. 球面波の伝搬

$$p(r,t) = \frac{\rho_0 c}{r}\left(\frac{r-ct}{2c}F(r-ct) + \frac{r+ct}{2c}F(r+ct)\right) \quad [\text{Pa}] \quad (8.25)$$

と書き改めることにしよう。仮想隔壁が取り除かれた後 $t>0$ に仮想隔壁の外側 $r>R$ において観測される音圧変化は音源から外側へ向かう波として考えることができる。図 **8.7** を見てみよう。初期凝縮が与えられる領域 $D$ の中心から $r$ [m] 離れた音圧観測点と最も近い領域 $D$ までの距離 (近端距離) は $r-R$, 反対に最も遠い遠端距離は $r+R$ と表される。そこで音圧変化を観測する時間範囲を $A(0, (r-R)/c)$, $B((r-R)/c, (r+R)/c)$, $C((r+R)/c, \infty)$ と分割することにしよう。時間領域 $A(0, (r-R)/c)$ は領域 $D$ に閉じこめられている初期凝縮による音圧変化が観測点に到達する以前の状態, 時間領域 $B((r-R)/c, (r+R)/c)$ は音圧変化が観測点にて観測される時間範囲, そして時間領域 $C((r+R)/c, \infty)$ は音波が観測点を通りすぎていった後の観測点の状態を表す時間範囲である。

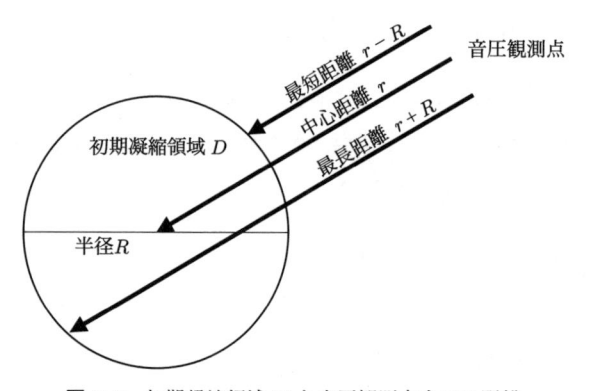

図 **8.7**　初期凝縮領域 $D$ と音圧観測点までの距離

第一の時間領域 $A(0, (r-R)/c)$ では式 (8.25) の $F(r-ct)$ ならびに $F(r+ct)$ ともに 0 となる。これは式 (8.23) で表される初期条件において関数 $F(r)$ が値をもつ範囲を見ることによって理解できるであろう。このことから観測点における音圧は 0 となる。これは音波が観測点に到達する以前の状態を表すものである。

次に第二の時間領域 $B((r-R)/c, (r+R)/c)$ を考えよう．ここでは $F(r-ct)$ が $c^2 s_0$ となる．したがって観測点における音圧は式 (8.26) の第 1 項から

$$p(r,t) = \rho_0 c^2 s_0 \frac{1}{2r}(r-ct) \qquad \text{[Pa]} \tag{8.26}$$

と表される．

最後に第三の時間領域では $C((r+R)/c, \infty)$ を考えれば，再び $F(r-ct)$ ならびに $F(r+ct)$ ともに 0 となる．その結果観測点の音圧は 0 となる．すなわちこの時間範囲は音波が観測点を通り過ぎた後の状態を示している．これまでに述べた平面波と異なって，球面波は通過してもその痕跡を残さないことが読み取れる[36),55)]．

以上の結果から観測点にて観測される音圧は図 8.8 に示すような波のイメージとして表される．初期状態において領域 $D(r<R)$ に閉じこめられていた圧力の高い部分は，仮想隔壁が取り除かれることによって図のような時間波形で表される音圧変化となって空間を伝わっていくこととなる．通りすぎていく波を前方・後方の二つの部分に分割して考えると，はじめに到来する前方波は媒質圧力が上昇する波，そして後続する後方波は圧力が下降する波となる[36),54)]．

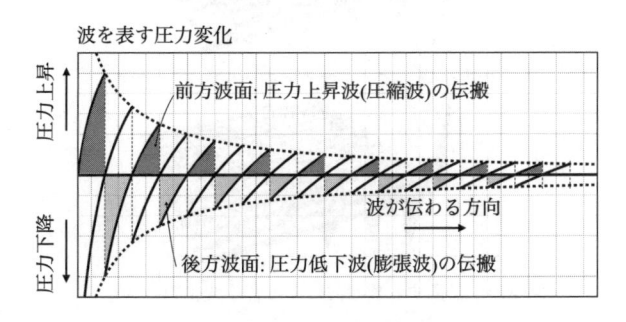

図 8.8 図 8.6 に示す初期凝縮による
球面波の伝搬のイメージ

### 8.3.2 前方波面と後方波面

図 8.7 に示した近端距離を伝わって波が到来する前の観測点では静止の状態が続いている。静止状態の後領域 $D$ に至る遠端距離を経て波が観測点に到来するまで音圧変化は継続して観測され，それ以後再び観測点には静止の状態が戻ることとなる。すなわち音圧の変化が継続して観測される時間範囲は $r - R < ct < r + R$ となって，音波が空間内に存在する範囲は厚さ $2R$ の球殻となる。

図 8.8 に示した音圧変化は前後に分割して考えることができる[36),54)]。すなわち音波の前半部は近端距離から到来する音波に続いて，領域 $D$ の中心から到来する波が観測されるまで継続する。この継続する音圧変化はいずれも領域 $D$ に閉じこめられていた圧力の高い媒質が領域外へ流出して領域 $D$ 外の媒質の圧力を上昇させることに起因する。これが図 8.9 に示す前方波面を形成する音圧上昇波を表すものである。

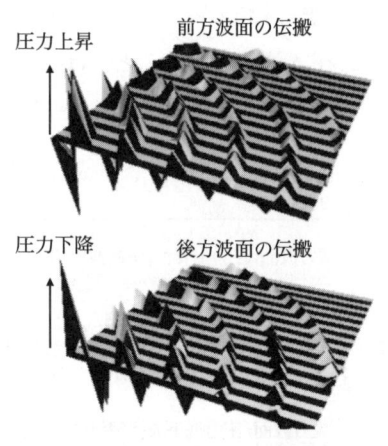

図 8.9 伝搬する球面波による音圧変化のイメージ

領域 $D$ の中心から到来すると考えられる音圧変化が観測された後も，観測点では領域 $D$ の遠端部から音波が到来するまで音圧変化が継続して観測される。この領域遠端部から到来する音波は，領域 $D$ から領域外へ伝わる波を形成する波面以外に，領域 $D$ 内に向かって伝わる波面が存在することを意味している。

この領域 $D$ の内部に伝わる波は $D$ 内の圧力の高い媒質が領域外へ流出することによって，領域内の媒質に密度の希薄化が生じることによっている[54]。領域 $D$ 内に想定した微小部分の媒質が領域外へ流出して媒質の圧力が低下すると，さらに領域内部に向かった内側から圧力の高い媒質が媒質密度の希薄化を埋めるように流入してくる。その結果，領域 $D$ 内では希薄化の波が領域内部に伝搬していくことになる。しかしこの希薄化を埋める媒質の動きが領域 $D$ の中心に達すると，領域内部に生じていた媒質の希薄化は領域の中心から再び領域外へ向かって進むことになる。この希薄化の波が領域外へ球面波となって伝搬して後方波面を形成する。したがって後方波面は音圧が下降する変化を表す波となる。

## 8.4 音波の回折と散乱

波が媒質中を伝わるとき障害物にぶつかると反射するとともに回折，散乱という現象を生じる。波が障害物にその行く手を阻まれると光が物に当たって物陰が生じるように，障害物の背後には波が伝わりにくいところが生じる。音波が障害物に遮られてもなお，障害物の裏側に回りこんで伝わる現象を**回折**という。われわれが日頃物陰に隠れて見えないところでも，「もういいよ」というかくれんぼの声を聞くことができることからも，音が回折する性質を有することは直観的に理解できるであろう。本節では文献10),45),56)を参照しながら障害物による音波の回折と散乱について考察することとしよう。

### 8.4.1 フレネルゾーン

波の伝搬はすでに述べたホイヘンスの原理に基づく仮想音源から生成される2次波の集まりによってそのイメージを得ることができた。**図8.10**において音源Sから受音点(観測点)Rへ伝わる音の伝搬を考えてみよう。音の伝搬を2次波の集合として考えられるように，図に示されるような仮想スクリーンがあるとしよう。ここでスクリーンは音を遮ることなく通過させるものと考える。音

150    8. 球 面 波 の 伝 搬

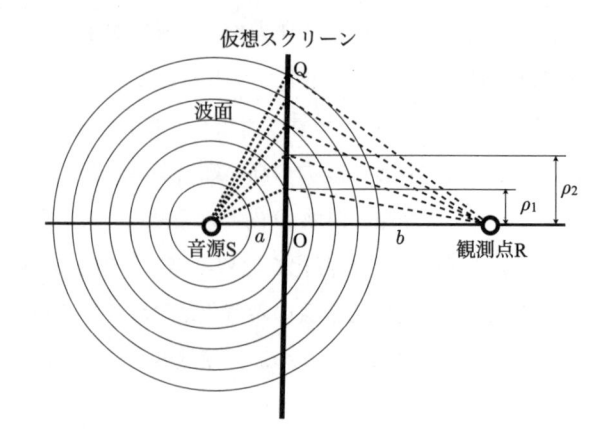

**図 8.10**  音源，観測点と仮想スクリーン

源と受音点を結ぶ直線とスクリーンの交点 O を中心として半径 $\rho$ の同心円からなる無数の円環を作成する。

　円環は音源から観測点に至る経路長差が着目する音の波長 $\lambda$ [m] の 1/2 になる範囲に区切るとしよう。このように区切られた円環はフレネルゾーンと呼ばれることがある[10),45),56)]。スクリーンの左側にある音源 S から出た音波がスクリーンに到達して受音点に至る経路の一つを SQR とすれば，音源から受音点に至る最短経路 SOR に対する音波の伝搬位相差は SQR と SOR の経路長差によっている。すなわち受音点に達する音波の位相遅れは点 Q が存在する円環ごとに定まることになる。円環を定義する $n$ 番目の同心円の半径 $\rho_n$ は，音源から発せられる音の波長を $\lambda$ [m]，スクリーンと音源の距離を $a$ [m]，同様に受音点に至る距離を $b$ [m] とすれば

$$\sqrt{a^2 + \rho_n^2} + \sqrt{b^2 + \rho_n^2} - (a+b) = \frac{1}{2}n\lambda \quad \text{[m]} \tag{8.27}$$

という関係を満たすものとなる。ここで $a^2, b^2 \gg \rho_n^2$ とすれば，円環の半径を

$$\rho_n^2 \cong n\lambda \frac{ab}{a+b} \quad [\text{m}^2] \tag{8.28}$$

と近似することもできる。このようにフレネルゾーンを決定する半径の大きさ

は，音源と受音点それぞれのスクリーンからの距離によっていることに注目すべきであろう。

　無数に広がるフレネルゾーンから通過してくる波を合計すれば，それは音源を出て観測点において生じる音波に一致するであろう。そこで図 8.10 に示したように音源と受音点がフレネルゾーンの対称軸上にあるとしよう。音源から受音点に至るフレネルゾーン間の経路差は着目する波の波長の 1/2 に等しく，またそれぞれのフレネルゾーンの面積を等しいものとすれば，それぞれのフレネルゾーンから到来する音波は互いに逆位相干渉となって相殺されると考えてもよいであろう。しかしスクリーンに開口部があれば音が聞こえるという事実は，音の一部は相殺されることなく受音点に伝搬することを意味している。この一見矛盾するとも思われる関係は，$n$ 番目のフレネルゾーンを通過して伝搬する波は $n-1$ 番目と $n+1$ 番目のゾーンを通過する波のそれぞれ半分が加算されて相殺される，と考えることによって解決することができる[10),45)]。この結果観測点に伝搬する波の振幅 $|p|$ は，第一フレネルゾーンを経て伝わる波の振幅 $|p_1|$ の 1/2，すなわち

$$|p| = \frac{|p_1|}{2} \quad \text{[Pa]} \tag{8.29}$$

と見積もることができる。

### 8.4.2　フレネルゾーンと回折現象

　前項で述べたように，第一フレネルゾーンを通過する波の半分が他のフレネルゾーンを通過する波によって相殺されるものと考えることができる。言い換えれば第一フレネルゾーンを通過する波の半分だけが相殺されずに観測点に達することになる。スクリーンの一部が遮蔽された場合においても，着目する振動数成分に関する第一フレネルゾーンが開いていれば対称軸上に位置する観測点では着目する振動数の音波が観測される。このことはまた着目する振動数に対する第一フレネルゾーンが (円盤のような) 遮蔽物で閉じられたとしても，その他のスクリーン部分がすべて開口されていれば遮蔽物背後であっても対称軸

上に位置する観測点にはその振動数の音波が伝搬することを表している。

音は回折して遮蔽物の周囲から遮蔽物の背後へ回りこむことができる。しかし対称軸上から離れた観測点ではそれぞれのフレネルゾーンからの音波が重なり合うことによって，7.3.3項で述べたような干渉現象が生じる。任意の観測点においてフレネルゾーンを通過して到来する波の合計を計算することは容易ではない。

音波が開口部をくぐり抜けてスクリーンの背後に伝わるには，第一フレネルゾーンの存在が重要である。式(8.28)に示したフレネルゾーンの半径 $\rho_n$ は

$$\frac{1}{a} + \frac{1}{b} = \frac{1}{f_n} \qquad [1/\mathrm{m}] \tag{8.30}$$

$$f_n = \frac{\rho_n^2}{n\lambda} \qquad [\mathrm{m}] \tag{8.31}$$

と変形することによって**ガウスのレンズ公式**と呼ばれる関係式と同様な形となることが知られる[10),45)]。ここで $f_n$ はレンズの焦点距離，$a$ が物体とレンズとの距離，$b$ は物体の像とレンズとの距離に対応するものである。式(8.30)〜(8.31)は第一フレネルゾーンに対しては

$$\frac{1}{a} + \frac{1}{b} = \frac{1}{f_1} \tag{8.32}$$

$$f_1 = \frac{\rho_1^2}{\lambda} \tag{8.33}$$

と表される。

音源と受音点がスクリーンから遠く離れている $(a, b \to 大)$ と第一フレネルゾーンの半径 $\rho_1$ もまた大きくなることから，音が開口部を超えて伝搬するには大きな開口を要することとなる。音源と受音点の開口部からの距離 $a, b$ に代わって着目する音の波長 $\lambda$ についても同様の推論を得ることができる。音波の波長が長い低音域においてはフレネルゾーンの半径もまた長くなる。したがって音波伝搬には大きな開口部を要することとなる。反対に音波の波長が短い高音域ではフレネルゾーンの半径が短くなって，小さな開口部からも音が抜け出

やすいことになる。これは小さな隙間から高い音が聞こえやすいことからも，直観的に理解できるであろう。

図 8.11 は音の振動数による回折現象の変化のイメージである[56]。開口部を含むスクリーンから十分遠くに音源が存在するとして平面波が開口部に到来するとしよう。開口部が小さくその半径 $R$ が音の波長 $\lambda$ よりずっと小さい $R \ll \lambda$ となる場合には，開口部が第一フレネルゾーンを含むことができないことから平面波を構成する多くの球面波のごく一部だけが球面波のまま伝搬することとなる。開口部の半径が大きくなって開口部が第一フレネルゾーンを含むことになると，開口部の中心軸上付近には入射平面波と同様の波が伝搬する。しかしその他の受音点では第一フレネルゾーン以外の複数のフレネルゾーンを通過した音波を含む波の干渉によって，伝搬する音の大きさに干渉縞が生じることとなる。さらに開口部の半径が大きくなって開口部が十分多くのフレネルゾーンを含むようになると，音は開口部とスクリーンの影響を大きく受けることなく伝搬していく。このようにスクリーンの存在によらずに波が進むとき，その直線的ともみなせるような音の進行軌跡を光線になぞらえて**音線**と呼ぶ。

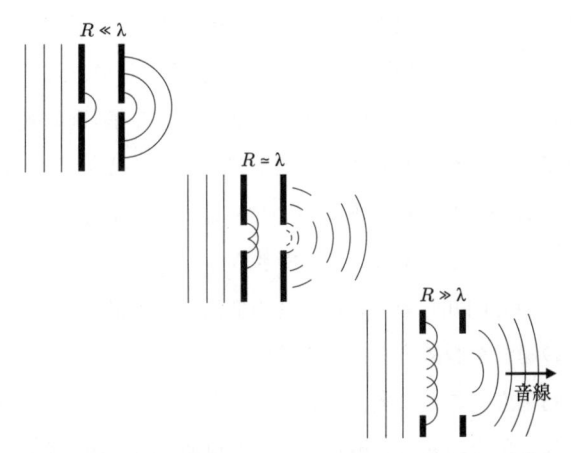

図 8.11　音の振動数 (あるいは波長) による回折の変化
(文献 56) Fig.10.11)

### 8.4.3 音波の散乱

音波は障害物に遭遇すると前項で述べた回折現象に加えて，障害物の周囲へ音があたかも不規則に反射する現象を生じる。このような障害物によって生じる音の反射を音の**散乱**と呼んでいる[10),45),56)]。

前項のスクリーンの開口部による回折現象を障害物による音の反射という視点から見てみよう。そこで開口部の代わりに音を遮蔽する円板があるとしよう。円板の半径が第一フレネルゾーンを越えるまでは音は円板の背後に回りこんで伝搬する。すなわち円板の遮蔽効果は弱く，その結果円板による反射波は小さい。すなわち円板による散乱効果も小さい。

しかし円板の半径が第一ゾーンを越えると，音は円板の背後に伝わりにくくなって，その結果円板に跳ね返される反射波の大きさが増大する。円板から遠く離れた音源位置ではフレネルゾーンの半径が大きいことから小さい円板による反射波は少ない。音源が円板に近づくと第一ゾーンの半径が小さくなって，小さな円板からでも反射波が生じやすいことになる。これはわれわれが日頃経験する事実とも一致することであろう。

反対にわれわれが日頃意識することなく，巧みに音の散乱を利用していると考えられている現象に音の方向知覚がある。人が音の到来方向を知覚するには，まず人の両耳に到来する音の時間差あるいは大きさの差(両耳差)が思いつく。しかし両耳差では前後から到来する音を区別しにくいというのも事実である。人は両耳差がきわめて少ない正面あるいは真後ろから到来する音であっても，音源の方向をおおむね区別することができる。

このような音の方向知覚要因として音の散乱波の特徴が着目されている[57)]。すなわち人間の聴覚を刺激する音の特徴は，人の頭を含む身体による散乱効果によって音の到来方向ごとに変化する。このことから人は音の到来方向によって変化する散乱現象を巧みに利用して，音の到来方向を知るものと考えられている。

人の身体による音の散乱は音の大きさの知覚にも影響する。人間が知覚できる最小の音の大きさを音圧の大きさで表したとき，それを**最小可聴音圧**と呼ぶ。

しかしこの最小可聴音圧は測定方法によって異なる値が定義されている．一般にヘッドホン受聴による受聴実験によって得られる最小可聴音圧の値に比べて，スピーカ再生による受聴実験で得られた値は小さな音圧の値となる．これは音が存在する空間に人が存在すると，人の身体による散乱効果により音圧が人のいない状態に比べて増大する．この散乱による音圧の増大効果は，音の最小可聴音圧を知るうえで最も重要な 1-2 kHz 付近で顕著に生じることになる．その結果スピーカ再生音場ではヘッドホン受聴実験による値と比べて最小可聴音圧が小さい値となるのである．したがって音の大きさの最小可聴値はヘッドホン受聴による最小可聴音圧と，スピーカ再生による**最小可聴音場**の二つに区別されることになる．

　音の方向あるいは大きさの知覚と音の散乱の関係は，音の波長と人間の生物学的な大きさによっているものである．もし音速がもっと速かったら，あるいは遅かったらと思いを巡らしてみると，人間の体型を含めて今とは違った自然像が浮かぶことでもあろう．

# 9 室内を伝わる音

　室内に置かれた音源から発した音波はやがて室内の壁面に達して反射し，再び他の壁面に衝突して反射波となって室内を伝わる．このように室内を伝わる音波は壁面への入射そして反射を繰り返しながら室内を伝搬する．音が伝わっている空間を**音場**(おんじょう) といい，音が伝わっている室内を**室内音場**と呼ぶ．本章では室内の残響現象，固有振動数など音の振動数と室内における音の伝搬について考察しよう．

## 9.1　室内を伝わる音のエネルギー

### 9.1.1　室内音場におけるエネルギー平衡

　音源から発した音波は壁面に衝突すると，壁面の固さに応じてそのエネルギーの一部が反射波となって再び室内を伝搬する．しかし音波が壁面に衝突するたびに室内を伝わる音のエネルギーは失われていく．その結果，室内を伝わる音のエネルギーは時間とともに反射を繰り返し減衰してやがて消えていく．

　室内を伝わる音を持続させるように，音源から継続して音が発せられているとしよう．音源から単位時間当りに室内に供給される音のエネルギーを $P_0$ 〔W〕(音源の音響出力に等しい) とすると，室内を伝搬する音による音響エネルギーの時間変化 $V\Delta E$〔W〕は

$$V\Delta E = P_0 - A \qquad \text{〔W〕} \tag{9.1}$$

と表される．ここで $\Delta E$〔W/m$^3$〕は室内を伝わる音のエネルギー密度の単位

時間当りの変化，$V$ [m$^3$] は室内の容積である。また $A$ [W] は壁面で失われる単位時間当りの音のエネルギーを表すものである。式 (9.1) の関係は室内音場における音のエネルギー平衡を表すものと理解することができる。室内を伝わる音のエネルギー変化は，音源から供給されるエネルギーと壁面から失われるエネルギーの差によって表されるものとなる。

### 9.1.2 定常状態における室内の音のエネルギー

音源から音が発生すると室内の音のエネルギーは増大する。しかしやがて一定の値に達するとエネルギー上昇は停止する。この状態をすでに 2.4.3 項でも述べたように音場の**定常状態**という。この定常状態における室内の音のエネルギーはエネルギー変化がなくなった状態 ($V\Delta E = 0$) すなわち $P_0 = A$ から求めることができる。平衡状態における室内の音のエネルギーは，音源から発するエネルギーと壁面から失われるエネルギーが互いに等しく釣り合っている状態における音のエネルギーである。

壁面から失われる音のエネルギー $A$ は以下のようにしてその概略を知ることができる。壁面に音波があらゆる方向から等しい割合で入射するものと考えると，壁面の単位面積当りに入射する音波のエネルギー流密度 (インテンシティー) の単位時間当りの平均値は $(\overline{E} \cdot c/4)$ [W] と見積もることができる[21),58)]。ここで $\overline{E}$ [J/m$^3$] は室内の音響エネルギー密度，$\overline{E} \cdot c$ [W/m$^2$] は室内を流れる音のインテンシティー，$c$ [m/s] は音の速さである。室内で音がすべての方向に偏りなく不規則に伝わるとすると，壁面に入射する音もあらゆる方向からでたらめに到来する。このとき壁面に入射する音波のエネルギーは室内を流れるエネルギーの 1/4 となる。

室内を流れる音のエネルギーと壁面に入射するエネルギーの比率が 4 となることが室内音場の特徴の一つである。これは空間に音波がよぎる半径 $r$ の球面を仮想してみると球の表面積が $4\pi r^2$ となるのに対して，その球の中に含まれる半径 $r$ の円の面積が $\pi r^2$ となって，その面積比率が 4 になることから想像する

こともできるであろう。この結果壁面の表面積を $S$ $[\mathrm{m}^2]$ としたとき，単位時間当りに壁面で失われる音のエネルギー $A$ $[\mathrm{W}]$ は壁面のエネルギー吸音率 $(1-$ エネルギー反射係数$)$ を $\alpha$(アルファと読む) として $A = \alpha \cdot (\overline{E} \cdot c/4)S$ $[\mathrm{W}]$ となる。

定常状態に達した室内音場のエネルギー密度 $\overline{E}_{st}$ $[\mathrm{J}/\mathrm{m}^3]$ は，$P_0 = A$ なる関係から

$$\overline{E}_{st} = \frac{4P_0}{\alpha cS} \qquad [\mathrm{J}/\mathrm{m}^3] \tag{9.2}$$

と表すことができる。定常状態における室内の音のエネルギーは音源の音響出力 $P_0$ $[\mathrm{W}]$ に比例して増大し，壁面の吸音率 $\alpha$ に反比例して減少する。この結果はわれわれが日常経験する事実とおおむね一致する結果であろう。大きな音を出す音源が室内に置かれていれば室内で聴かれる音の大きさは大きくなる。しかし音源から出る音の大きさが大きくなっても室内の壁面が反射の少ない柔らかい壁であれば，室内を伝わる音の大きさは小さくなる。また定常状態における音のエネルギーは音速の増大とともに減少する。これは音速の増大によって音波が単位時間当りに壁面に衝突する回数が増大することによっている。すなわち壁面に音波が衝突する回数の増大に伴って音のエネルギーが壁面に吸収される効果が大きくなるからである。壁面の面積を $S$ $[\mathrm{m}^2]$，室内の容積を $V$ $[\mathrm{m}^3]$ とするとき音波が単位時間当りに壁面に衝突する回数 $N$ はおよそ $cS/4V$ となる[21],[58]。

### 9.1.3 音源が停止した後の音のエネルギー変化

音場が定常状態に達した後，音源が停止したとしよう。音源から供給されるエネルギーがなくなることによって室内を伝わる音のエネルギーは減少を続け，やがて音のエネルギーは消滅する。この音源停止後に観測される音響エネルギーの減衰過程を**残響過程**という。

残響過程における音のエネルギー減衰を時間とともに変化する音響エネルギー密度 $E(t)$ として表そう。音源停止後のエネルギー変化を考察する目的で，音

## 9.1 室内を伝わる音のエネルギー

源から単位時間当りに室内に供給されるエネルギーを 0 すなわち $P_0 = 0$ とすれば

$$\frac{\Delta \overline{E}(t)}{\overline{E}(t)} = -\alpha \cdot \frac{c}{4V/S} = -\alpha R \tag{9.3}$$

なる関係が得られる。式 (9.3) は音のエネルギーが減衰する割合 (左辺) が時間によらず一定 (右辺) であることを表している。また $R = cS/4V$ は前項で言及した単位時間当りに音波が壁面に衝突する回数を表している。言い換えれば $4V/S$ は**音波の平均自由行程**，すなわち音波が壁面に衝突して反射し次の壁面に衝突するまでに室内を進む距離の平均値を表すものである。音波は壁面に単位時間当りに $R$ 回衝突して，そして $\alpha R$ の割合でエネルギーを失っていくことになる。

音源が停止する時刻を $t = 0$ としてそのときのエネルギー密度〔J/m$^3$〕を $E(0) = \overline{E}_{st}$ とすれば

$$\overline{E}(t) = \frac{4P_0}{c\alpha S} \mathrm{e}^{-\frac{c\alpha S}{4V}t} \qquad [\mathrm{J/m^3}] \tag{9.4}$$

のとおり時間とともに減衰する音のエネルギー表現が得られる。この関係式は指数関数の微分演算を利用して導出されるものである。指数関数はその値が変化する割合が一定となることが特徴の一つである。指数関数の微分演算については文献 5) を参照されたい。

式 (9.3) の絶対値が表している室内の音のエネルギーが減衰する速さは室内の容積 $V$〔m$^3$〕に反比例し，壁面の表面積 $S$〔m$^2$〕ならびに吸音率 $\alpha$ に比例して速くなる。また前項でも言及したとおり減衰の速さは音速にも比例する。すなわち単位時間当りに壁面に衝突 (入射) する音のエネルギー割合によってエネルギー減衰の速さが決定されることになる。このエネルギー減衰の速さを表すパラメータに残響時間がある。**残響時間**は音のエネルギーが定常状態の値から $1/10^6$ に減衰するのに要する時間を表している。残響時間を $T_R$〔s〕とすると

$$\overline{E}(T_R) = \frac{4P_0}{c\alpha S} \mathrm{e}^{-\frac{c\alpha S}{4V}T_R} = \frac{4P_0}{c\alpha S} 10^{-6} \qquad [\mathrm{J/m^3}] \tag{9.5}$$

となり，残響時間 $T_R$ [s] は

$$T_R \cong 0.161 \frac{V}{\alpha S} \qquad \text{[s]} \qquad (9.6)$$

と表される。残響時間は室内の容積 $V$ [m$^3$] と室内表面積 $S$ [m$^2$] の比に比例し，壁面の吸音率 $\alpha$ に反比例する。

## 9.2 室内の固有振動数

ばね振動あるいは弦の振動には自由振動を表す固有振動数が存在した。特に弦の振動には無数の固有振動数が存在し，それらは基本振動 (基音) の振動数を $f_1$ とすれば $n$ 番目の振動数 ($n$ 倍音) $f_n$ が $f_n = nf_1$ と表される調和振動を構成するものであった。**調和振動**は固有振動数がいずれも基音の倍音となるものである。これが楽器に 1 次元系の振動が利用される要因でもあった。室内音場にも無数の固有振動が存在する。しかし室内音場の固有振動数は調和構造をもっていない。

### 9.2.1　固有振動数の表現

弦を弾いたときの振動あるいは弦を叩いたときの振動に観測されるように，弦の自由振動は基音とその倍音から構成される。弦の自由振動に比べると振動の形を思い浮かべることは容易ではないけれども，室内音場にも自由振動が存在する。室内で風船が割れたときに発生，伝搬するような衝撃音は室内音場の自由振動と考えられるものである。しかし弦の自由振動と異なり室内音場の自由振動に音の高さが感じられないのは，室内音場の自由振動が調和振動でないことによっている。

長さ $L_x$ [m] を有する両端固定弦の固有振動数 $f_l$ [Hz] は，弦を伝わる波の速さを $c$ [m/s] として

$$f_l = \frac{1}{2\pi} c \frac{l\pi}{L_x} = lf_1 \qquad \text{[Hz]} \qquad (9.7)$$

と表される。このように $l$ 番目の固有振動数が基音の振動数の $l$ 倍となって，弦

の自由振動は調和振動を構成する。室内音場を形成する室内形状において直方体は基本的な形である。直方体の 3 稜の長さを $L_x, L_y, L_z$ [m] としたとき固有振動数 $f_{lmn}$ [Hz] は，室内を伝わる波の速さを $c$ [m/s] として

$$f_{lmn} = \frac{1}{2\pi} c \sqrt{\left(\frac{l\pi}{L_x}\right)^2 + \left(\frac{m\pi}{L_y}\right)^2 + \left(\frac{n\pi}{L_z}\right)^2} \quad \text{[Hz]} \quad (9.8)$$

と表される。ここで $l, m, n$ は 0 または正の整数である[21],[58]。

室内音場の固有振動数は室内の稜の長さと音速によって決定される。しかし上式から室内音場の自由振動は調和振動にはならないことが読み取れる。弦の固有振動数は互いに等間隔の振動数ごとに存在するのに比べて，直方体室内音場の固有振動数は不等間隔に分布する。

### 9.2.2 固有振動数の分布

室内音場の自由振動を構成する固有振動数は，室内における音の伝わりやすさを表す要因となる。室内の固有振動数に近い振動数をもつ音波は室内を伝わりやすく (共鳴しやすい)，反対に固有振動数から外れた振動数をもつ音波は室内で鳴りにくい。したがって固有振動数が密に存在するほど室内に音が響きやすいことになる。本節では室内音場の固有振動数分布について述べることとしよう。

図 9.1 は直方体室内音場の固有振動数の間隔の頻度分布を計算した例である。ここで頻度分布は帯域ごとに計算した固有振動数の間隔分布を平均したものである[21],[59]。図で横軸は固有振動数の間隔 $S$ を平均間隔 $D$ で割り算した値を示すものである。図から固有振動数間隔の出現頻度が指数減衰に従う指数分布で近似されることが読み取れる。ここで図の縦軸は対数目盛で表示されている。したがって指数分布と呼ばれる $e^{-x}$ で表される曲線は図中では右下がりの直線で表されることとなる。

時間の経過とともにある事象が不規則に生じるとしよう。すなわち電話あるいはメールがどこからか来るというようなことを思い浮かべてみるとしよう。その不規則事象が生じる確率がどの時間においても等しいものとすれば，その

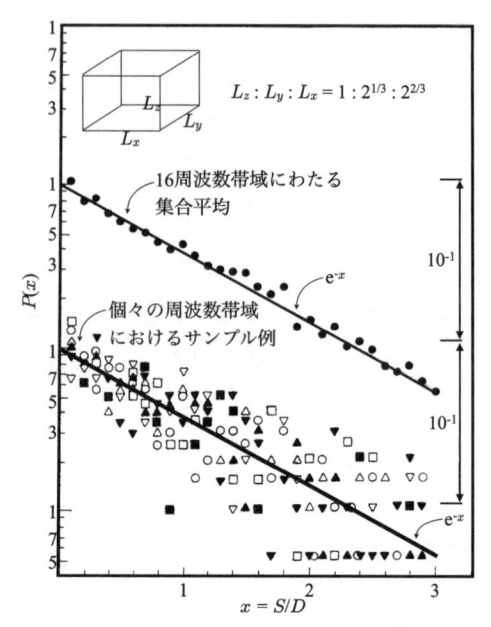

**図 9.1** 直方体室内音場の固有振動数間隔分布
(文献 21) 図 5.16, 文献 59) 図 1)

不規則事象が生じる時間は指数分布に従うことになる[60]。図の指数分布は時間軸上の代わりに振動数軸を考え，固有振動数の存在を振動数軸上に生じる不規則事象と見立てることによって導出されるものである。

右下がりとなる指数分布は隣り合う二つの固有振動数の組に着目するとき，振動数の間隔が狭い (広い) 固有振動数の組ほど存在する頻度が高い (低い) ことを意味している。二つの固有振動数の間隔が狭くなって一致してしまう現象を**固有振動の縮退**という。図 9.1 の結果は直方体室内音場では固有振動の縮退がきわめて起こりやすいことを意味している。しかし通常の室内形状は直方体からずれた形となっていることから縮退が生じることなく，固有振動数の頻度分布は指数分布には従わない[21),50]。

### 9.2.3 固有振動の縮退

固有振動の縮退の起こりやすさは直方体室内音場に限っても直方体の形状 (3

稜の比) によって変化する．図 9.1 の計算例において 3 稜の比が無理数となっているのは，縮退による固有振動数の数の減少を防ぐことが目的であった．直方体残響室の 3 稜の長さを $L_x > L_y > L_z, L_x = \alpha L_y = \beta L_z$ として，固有振動数 $f_{lmn}$ と最低固有振動数 $f_{100}$ の比に着目すれば

$$\left(\frac{f_{lmn}}{f_{100}}\right)^2 = l^2 + \alpha^2 m^2 + \beta^2 n^2 = K_{lmn}^2 \tag{9.9}$$

が導出される．ここで 3 稜の比 $\alpha, \beta$ が正の整数であると式 (9.9) の固有振動数の自乗比は 3 つの整数の自乗和で表されることになる[61]．式 (9.9) において $K_{lmn}^2 = K_{l'm'n'}^2$ となる組が存在するとき $f_{lmn}^2 = f_{l'm'n'}^2$ となる固有振動数の組が存在して，二つの固有振動は一つの固有振動数に縮退することとなる．

単純化のために 2 次元の形状を考えてみよう．これは室内音場に代わって膜の振動を考察することに対応するものである．正方形の膜に着目すれば $\alpha = \beta = 1$ となって式 (9.9) は

$$K_{lm}^2 = \sqrt{l^2 + m^2} = \sqrt{m^2 + l^2} = K_{ml}^2 \tag{9.10}$$

と書き直すことができる．すなわち正方形 ($\alpha = \beta = 1$) では必ず縮退する固有振動数の組が存在することなる．3 次元の直方体においても 3 稜の比が単純な整数比であれば固有振動は縮退する．このような観点から室内の 3 稜の比率が無理数に近い直方体形状が音響実験用残響室の形状として推奨されている[62]．

後に 9.3 節で述べるように室内における音の伝わりやすさは，固有振動数の密度によっている．音の高さによらずできるだけ均一に音を伝えるには，縮退はできるだけ避けることが望ましい[50),63]．

### 9.2.4 固有振動数と固有振動姿態

直方体室内音場においても固有振動数に応じて固有振動姿態が存在する．両端固定弦の振動では弦の両端が動かないという条件から sin 形の関数によって弦振動の固有振動姿態が表されていた．固い壁面で囲まれた直方体室内音場で観測される音圧に関わる固有振動姿態は cos 形の関数を 3 次元に拡張した関数

によって表される.固有振動数 $f_{lmn}$ をもつ音圧固有振動姿態の形 $y_{lmn}(x,y,z)$ は

$$y_{lmn}(x,y,z)=\cos\frac{l\pi}{L_x}x\cdot\cos\frac{m\pi}{L_y}y\cdot\cos\frac{n\pi}{L_z}z \tag{9.11}$$

となる[64]。

固い壁面で囲まれた**直方体室内音場の固有振動姿態**は図 **9.2** に模式図を示すように,室内を伝わる音波による媒質粒子の振動が $x$ 軸 (あるいは $y$ または $z$ 軸) 方向に限られている**軸平行波動**,すなわち式 (9.11) において $m=n=0$ となるような

$$y_{l00}(x)=\cos\frac{l\pi}{L_x}x \tag{9.12}$$

振動が $xy$ 平面 (あるいは $yz$ または $zx$ 平面) 方向に限られている**面平行波動** $(n=0)$

$$y_{lm0}(x,y)=\cos\frac{l\pi}{L_x}x\cdot\cos\frac{m\pi}{L_y}y \tag{9.13}$$

同様に $xyz$ 空間にわたって振動する**斜波動** $(l\neq 0, m\neq 0, n\neq 0)$

$$y_{lmn}(x,y,z)=\cos\frac{l\pi}{L_x}x\cdot\cos\frac{m\pi}{L_y}y\cdot\cos\frac{n\pi}{L_z}z \tag{9.14}$$

に分類して考えることができる.弦の振動と同様に室内音場の固有振動姿態においても空間に定まった腹と節をもつ定在波が形成される.その結果,節を越えるごとに振動の位相 (向き) が反転することも弦振動の定在波と同様である.

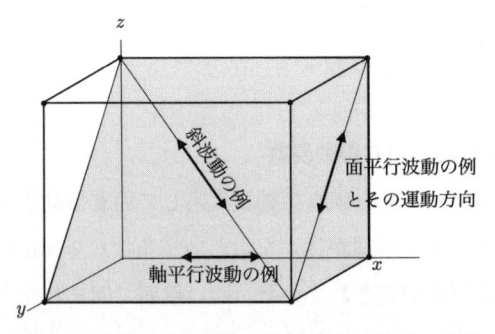

図 **9.2** 媒質粒子の振動方向と固有振動姿態の分類

室内音場の固有振動姿態によって観測される定在波は室内の壁面上，稜線上ならびにコーナにおいて音圧の大きさが上昇することが特徴である．それぞれの定在波の自乗音圧の振幅 $y_{lmn}^2(x,y,z)$ を室内全体にわたって平均してみると，軸平行，面平行，斜波動による平均値はそれぞれ

$$< y_{l00}^2(x) > \quad = < y_{0m0}^2(y) > \ = < y_{00n}^2(z) > \quad = \frac{1}{2} \quad (9.15)$$

$$< y_{lm0}^2(x,y) > \quad = < y_{l0n}^2(x,z) > = < y_{0mn}^2(y,z) > = \frac{1}{4} \quad (9.16)$$

$$< y_{lmn}^2(x,y,z) > = \frac{1}{8} \quad (9.17)$$

と表される．ここで $< y_{l00}^2(x) >$ は自乗音圧の振幅 $y_{l00}^2(x)$ を空間座標 $x$ の 0 から $L_x$ にわたって平均したものである．他の $<>$ 記号で表された量も同様の空間平均操作を意味している．このことから壁面上で平均された自乗音圧は室内平均値の 2 倍，稜線上で平均された自乗音圧は室内平均値の 4 倍，室のコーナで観測される自乗音圧は室内平均値の 8 倍に上昇する．これはわれわれが経験する壁際での音の大きさの上昇とも符合するものであろう．

### 9.2.5 固有振動数の数と密度

室内音場に存在する固有振動数の振動数間隔についてはすでに考察した．本項では改めて固有振動数が存在する密度，例えば 1 000 Hz から 1 001 Hz の間に含まれる固有振動数の個数について考えてみよう．これまで述べてきた直方体室内音場の固有振動数は，図 **9.3** に示す格子点の位置に対応すると考えることができる．ただし図では固有振動数 $f_{lmn}$ 〔Hz〕に代わってその波定数 $k_{lmn} = 2\pi f_{lmn}/c$ が示されている．

図の $x$ 軸 $(k_x)$ 方向には $\pi/L_x$，$y$ 軸 $(k_y)$ 方向には $\pi/L_y$，$z$ 軸 $(k_z)$ 方向には $\pi/L_z$ 間隔にそれぞれ格子点が存在している．この図表現を用いれば振動数 $f$(波定数では $k = 2\pi f/c$) 以下に含まれる固有振動数の数 $N(k)$ は，1 個の格子点が占める空間の大きさ $\Delta k$ が

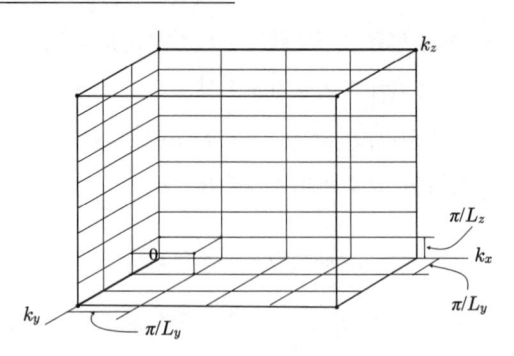

**図 9.3** 直方体室内音場における固有振動数を表す格子点配置

$$\Delta k = \frac{\pi}{L_x} \cdot \frac{\pi}{L_y} \cdot \frac{\pi}{L_z} = \frac{\pi^3}{V} \quad [1/\mathrm{m}^3] \tag{9.18}$$

と考えられることから，半径 $k$ の球の 1/8 を占める容積内に存在する格子点の数

$$N(k) \simeq \frac{1}{8} \cdot \frac{\frac{4}{3}\pi k^3}{\Delta k} \simeq \frac{V}{6\pi^2} \cdot k^3 \tag{9.19}$$

によって概略見積もることができるであろう[21),58)]。固有振動の数が波定数の3乗に比例して増大することが室内音場の特徴である。上記の結果から固有振動の数の増大率 $n(k)$ を ($k^3$ の関数に関する微分演算によって) 求めると

$$n(k) \simeq \frac{V}{2\pi^2} \cdot k^2 \tag{9.20}$$

となって波定数の自乗と室容積に比例して増大率が上昇することがわかる。この固有振動数の数の増大率を**固有振動の密度**という。この密度の計算は振動数あるいは波定数に関する密度であるかによって，数式表現が異なるものである。

固有振動が密に存在するほど音は室内を伝わりやすいと考えることができる。ここにわれわれが音楽を鑑賞する室内にある程度の大きさを求める理由が隠れている。固有振動の密度が波定数の2乗に比例することから，室容積の効果は特に低い振動数帯域における音の響きに顕著に現れることになる。

固有振動の数と密度を波定数 $k$ [1/m]に代わって振動数 $f$ [Hz]について求めるとそれぞれ

$$N(f) \cong \frac{4\pi V}{3c^3} \cdot f^3 \tag{9.21}$$

$$n(f) \cong \frac{4\pi V}{c^3} \cdot f^2 \tag{9.22}$$

と見積もることができる。すなわち固有振動数の数は室容積を音速の3乗で割り算した $V/c^3$ に比例して増大すると解釈することもできる。音速が増大すれば室内を伝搬する音波に対して等価的に室容積が縮み，反対に音速が低下すれば室容積が膨張することとなる。

直方体室内音場の固有振動の数は固有振動を斜波動，面平行波動，軸平行波動に分類することによって精密化することができる[21),58)]。面平行波動となる固有振動の密度は振動数の1乗に比例し，軸平行波動の密度は振動数にかかわらず一定となる。したがって振動数の上昇に伴い固有振動の密度はおおむね式(9.22)によって見積もることができる。

## 9.3 エネルギー伝達特性

室内の音の伝わりやすさは室内音場の固有振動数分布によって決定される。室内に設置された音源から発せられる音響出力が大きいとき，室内は音源から放射される音波のエネルギーを伝えやすいと考えることができる。室内に置かれた音源の音響出力は音の振動数と室内音場の固有振動数によって変化する。本節では音響出力の変化という視点から室内の固有振動数と音の伝わりやすさを考察することにしよう。

### 9.3.1 音源音響出力の振動数による変化

室内音場のエネルギー密度は音源の音響出力に比例する。すなわち音源から大きな音が出れば，室内を伝わる音のエネルギーも大きい。しかし音源の音響出力は8.2.3項に明らかにしたように，音源近くに設置された壁面の影響によっ

て変化する。このことは室内に置かれた音源の音響出力も室内音場の音響条件の影響を受けて変化することを意味している。音が出やすい室内環境もあれば出にくい状況も存在する。

音の振動数による音源音響出力の変化は，室内における音源の位置によって大きく変化する。これは音源を取り巻く壁面の位置関係が音源の位置によって変化することからも類推されるであろう。しかし音源位置を室内くまなく動かして，音源位置の違いによる音響出力の変化を平均したとしても，なお音響出力には振動数による室内固有の変化が観測される。すなわち音源が室内に放射する音響出力には振動数による室内固有の特徴が現れる。

図 9.4 は室内の一点に置かれた音源について，音響出力の振動数による変化を計算した例である[21),65)]。音響出力 $P$〔W〕が音の振動数によって自由空間における音響出力 $P_0$〔W〕から大きく変化することがわかる。室内の固有振動数にほぼ等しいとみなされる振動数の音波が音源から放射されるときには音響出力が大きく，反対に音源から放射される音の振動数が音場の固有振動数から外れたときには音源の音響出力は減少する。すなわち室内に設置された音源の音響出力は，音源が発する音の振動数と室内の固有振動数によって変化するこ

図 9.4 室内に置かれた点音源音響出力の振動数による変化例 (文献 21) 図 6.1, 文献 65) Fig.1)

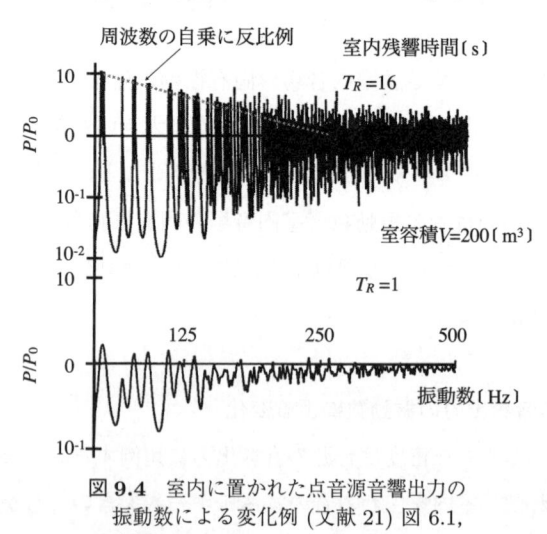

とになる。室内の固有振動数は音が室内で共鳴して伝わる振動数であることが理解されるであろう。

　図 9.4 において音源が置かれる室内の残響時間が短くなったとして計算された結果 ($T_R = 1$) を見れば，室内の残響時間の減少とともに音源の音響出力は自由空間における音源の音響出力に近づいていくことがうかがえる。室内音場の固有振動数は小室内の低い振動数帯域においてはまばらに存在する。その結果音源から放射される音の振動数によって室内の音の伝わり方の変動は大きい。したがって小室内では音場の残響時間を短く (例えば壁面を柔らかい材料で覆う) することによって，音の振動数による音響出力の変化を小さくすることが音楽を鑑賞するうえでは望ましい。そのうえで音源から放射される音を大きくすれば，音の振動数によらず室内の音を大きくすることが期待できる。

### 9.3.2　室内残響時間と共鳴特性

　前項に述べたように残響時間が減少すると，室内を伝わる音のエネルギーの振動数による大きな変動も姿を消していく。これは室内音場の振動数に対する選択性が弱められることでもある。ばねと質量から構成される単振動の外力に対する応答 (**共鳴特性**) が系の減衰特性によって変化したように，室内音場においても固有振動数における共鳴特性の鋭さ (選択性の強さ) は室内残響時間によって変化する。残響時間が増大するにつれて共鳴特性が鋭くなり，反対に残響時間が短くなれば共鳴特性の鋭さは消滅する。

　室内音場の共鳴特性は固有振動数の間隔が大きく (固有振動の密度が低い) 残響時間が長い時には，図 9.5 上図に示すように，固有振動数に応じてそれぞれに分離して観測される。しかし固有振動の密度が上昇してかつ残響時間が減少すると，同下図のように共鳴特性は互いに重なり合うことになって，個々の固有振動に対する共鳴特性を分離して観測することができなくなる。共鳴特性が互いに重なり合う固有振動の数は残響時間を一定とすれば，おおむね固有振動の密度に比例して増大する。図 9.5 は観測される共鳴特性の形の変化をイメージしたものである。共鳴特性の山の高さの変化を示すものではないことに注意

170　9. 室内を伝わる音

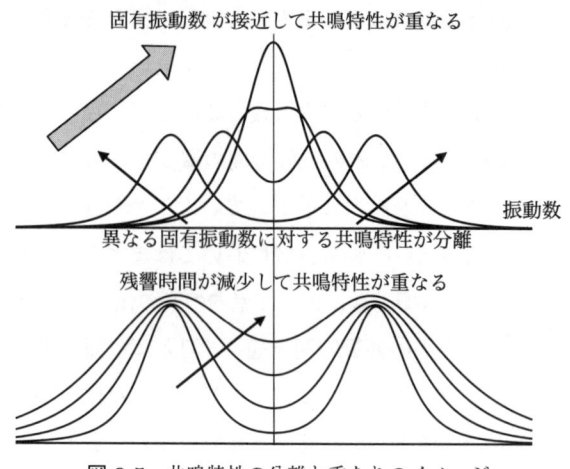

図 9.5　共鳴特性の分離と重なりのイメージ

していただきたい。

### 9.3.3　固有振動の密度とエネルギー伝達特性

図 9.4 に示した音響出力の振動数による変化を改めて見てみよう。低い振動数帯域では共鳴特性の山が振動数の低下とともに上昇する様子がみてとれる。これは残響時間が振動数によらず一定であったとしても，共鳴特性の山の値 (ピーク) が振動数の自乗に反比例して減少することの現れである。音源から室内に放射される音のエネルギーは振動数が低いほど上昇して顕著な共鳴特性を形成する。

しかし同図において 250 Hz 以上の帯域を見れば，低い振動数において見られる鋭い共鳴特性を観測することはできない。これは振動数の自乗に比例して固有振動の密度が増大すると，振動数の上昇とともに互いに重なり合う固有振動の数が増加する。その結果個々の共鳴特性が個別に観測されることなく，互いに重なり合う固有振動の数だけ共鳴特性が重畳することとなる。すなわち振動数が上昇するにつれて振動数の自乗に反比例する音響出力の減少はこの共鳴特性の重なりによって相殺される。同図においても振動数の上昇とともに顕著な共鳴特性が消滅して計算値 $P/P_0$ は 1 の周りを変動する傾向となる。

## 9.3 エネルギー伝達特性

図 9.6 は図 9.4 の計算条件 (室容積 $V$, 残響時間 $T_R$) における重なり合う固有振動の数を計算した例である。重なり合う固有振動の数は振動数を $500\,\mathrm{Hz}$ とすると残響時間 16 秒では約 3,4, 同様に 1 秒では約 55 となる。すなわち残響時間 16 秒における音響出力では, 振動数 $500\,\mathrm{Hz}$ においておおむね 3 個の固有振動が重なり合っているものと考えることができる。

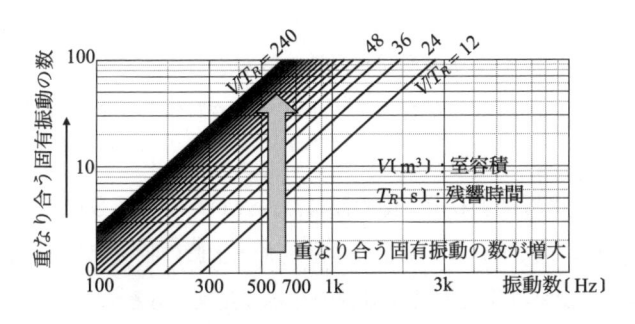

**図 9.6** 重なり合う固有振動の数の計算例

重なり合う固有振動の数は残響時間にもよっている。これは図 9.5 に示したように, 共鳴特性の鋭さは残響時間の減少とともに弱められていく。すなわち固有振動の密度が低くても残響時間が短くなれば共鳴特性が互いに重なり合う固有振動の数の増大を見込むことができる。図 9.4 の下図は残響時間を 1 秒まで短くした計算例である。同一の室内であっても低振動数域では顕著な山が消滅して, かつ観測される共鳴特性の山の数が減少することが読み取れる。これは共鳴特性の山の高さが振動数の自乗に反比例するだけでなく残響時間に比例すること, また重なり合う固有振動の数が増大して個々の共鳴特性が観測されないことに起因するものである。特に図 9.4 の下図の条件 (室容積 $V = 200\,\mathrm{m}^3$, 残響時間 $T_R$=1s) において図 9.6 に示される重なり合う固有振動の数が 10 を超える $250\,\mathrm{Hz}$ 以上では, 音源から放射される音のエネルギーには大きな変化は生じないことが図 9.4 から見て取ることができるであろう。

室内で観測される音波の特徴は音源ならびに受音点の位置によって大きく変化し, 音源から受音点に至る音の伝達を予測することは容易ではない。しかし

音源ならびに受音点位置を平均してなお観測される音源の音響出力 (音のエネルギー伝達特性) は，音源あるいは受音点位置によらない音場の固有振動数に関わる特徴を表すものである。音場の固有振動数が縮退によってまばらに存在するところでは，音のエネルギー伝搬には音の振動数による顕著な変動が現れる。一方多数の固有振動が密に存在して重なりが増大すると，室内音場の共鳴特性に基づくエネルギー伝達特性の変動は減少する。一般に固有振動の密度が低い低周波域では，重なり合う固有振動の数が少なくとも3以上になる程度に残響時間を減少させることが音のエネルギー伝達特性の山谷を平滑化するうえでは望ましい。

図9.4を見れば隣接する山と山の間に深い谷があることも見てとれる。この山と谷が交互に存在することも音のエネルギー伝搬の特徴である。山を形成する固有振動数に比べて谷を作る振動数の存在は複雑である[21]。文献 66)〜68) は谷となる振動数の分布を解析した例である。

## 9.4　室内音場の直接音と反射音

本章ではこれまで室内音場のエネルギー平衡原理に続いて室内の共鳴現象 (固有振動数に基づく現象) に着目して室内における音の伝わり方を考察してきた。本節では波の伝わり方がより直観的に理解できるように，音源から観測点に直接伝わる直接音と反射を繰り返して伝わる反射音に着目して室内における音の伝搬を考えることとしよう。

### 9.4.1　音源から発するインパルス音

音源から発する振動数の定まった正弦波振動の伝搬と並んで，すでに 8.3 節では風船が割れたときに発する音のような突発的 (過渡的) な音の伝搬について考察した。このような急激な変化を伴う瞬間的な波あるいは音を**インパルス音**という。呼吸球音源においてもその体積速度 (振動速度) が正弦波振動をする代わりに過渡的な変化をすると想定することによって，インパルス的な音の発生を

考えることができる。

**図 9.7** の破線に示すように音源の振動変位が過渡的な変化をしたとしよう。この振動によって生じる音源の振動速度 (体積速度) の変化は図の点線のような変化となる。これは図中破線の接線の傾きの変化 (微分係数) を求めることによって得られるものである。同様に図の点線の接線の傾き変化を求めれば図の実線が得られる。これは音源の振動加速度の変化を表すものである。ここで音源から発せられる音圧が音源の振動加速度に比例することを思い出せば，音源から生成される音圧の時間変化は同図の実線と同一の波形で表されることとなる。この音圧変化は波の形は異なっているけれども，すでに図 8.8 に示した音圧上昇が伝わる圧縮波と音圧下降が伝わる膨張波が発生する原因を理解するにも役立つであろう。

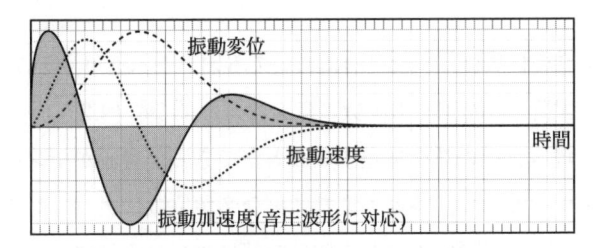

**図 9.7** 音源振動と放射音圧の時間変化

室内に設置された音源からインパルス的な音が発生されると，受音点では音源から直接到来する直接音と壁面からの反射による多数の反射音が重なり合った音波が観測されることとなる。この直接音と反射音のエネルギーに着目して考察を進めよう。

### 9.4.2 室内音場における反射音の数とエネルギー

すでに 8.2.3 項で言及したように，壁面をあたかも鏡と見立てて光の反射と同様に音波の伝搬を考えることにしよう。**図 9.8** に示すように，鏡に写った無数の音源 (**鏡像音源**) から受音点に到来する音波を考察することによって，室内音場で生じる反射音の数をおおむね予想することができる。直方体室について

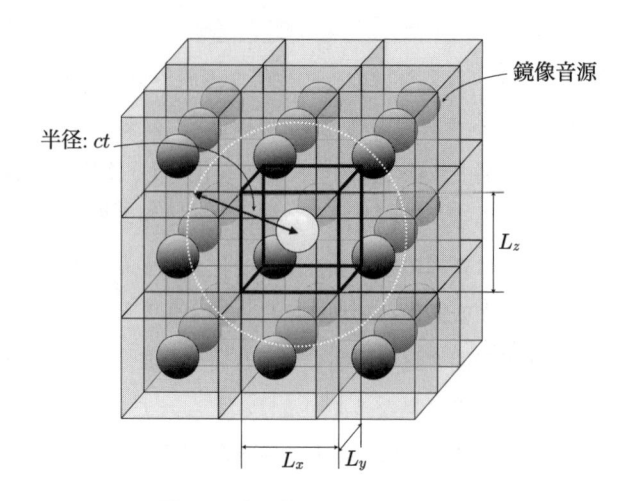

図 **9.8** 直方体室内音場の鏡像配置

考察した反射音の性質は，一般室内においてもおおむね適用することができる。

格子点上に配置された固有振動数の数を数えたように (9.2.5 項)，個々の反射音を発生する鏡像音源の数を推定することができる。音源がインパルス音を発する時刻を $t=0$ として，時刻 $t$ までに再び音源位置に戻ってくる反射音の数 $N(t)$ は室内中心から半径 $ct$ をもつ球の内部に含まれる鏡像の数となる。個々の鏡像が占める容積を室容積に等しく $V\,[\mathrm{m}^3]$ とすれば，反射音の数 $N(t)$ は

$$N(t) \cong \frac{4\pi c^3 t^3}{3V} \tag{9.23}$$

と表される。この結果単位時間当りに到来する反射音の数 (反射音の密度) $n(t)$ は

$$n(t) \cong \frac{4\pi c^3 t^2}{V} \quad [1/\mathrm{s}] \tag{9.24}$$

となって，時間の自乗に比例して反射音の密度は上昇する。

式 (9.24) の反射音の密度を用いれば，時刻 $t$ における反射音の音響インテンシティー $J(t)\,[\mathrm{W/m}^2]$ を計算することができる。音源から $r\,[\mathrm{m}]$ 離れた受音点での音響インテンシティーは音源からの距離 $r(t)$ の自乗に反比例して減少す

る。音源がインパルス音を $t=0$ において発して以来 $t$ 秒後に音源位置に戻ってくる反射音は，音速を $c$ [m/s] とすると音源から $ct$ [m] 離れた位置にあると仮想される鏡像音源から発せられる反射音とみなすことができる。したがってその反射音のインテンシティーも $ct$ の自乗に反比例して減少することとなる。その結果，反射音の密度が $ct$ の自乗に比例して増大することから，音源がインパルス音を発して以来 $t$ 秒後に戻ってくる反射音のインテンシティーは時間によらず一定となることが期待される。

しかしそれぞれの鏡像音源の強さは同一ではない。すでに 9.1.3 項に述べた時刻 $t$ に到来する反射音が壁面と衝突する衝突回数 $R=cS/4V$ を考慮すれば，音源から $ct$ [m] 離れた位置にある鏡像音源の音響出力は

$$P_M(t) = P_0(1-\alpha)^{\frac{cS}{4V}t} \quad \text{[W]} \tag{9.25}$$

に減少すると考えることができる。ここで $P_0$ [W] は音源の音響出力，$V$ [m$^3$] は室容積，$S$ [m$^2$] は壁面の表面積である。また $\alpha$ は壁面の吸音率，$(1-\alpha)$ は壁面の反射係数を意味するものである。

式 (9.25) において $(1-\alpha)^{Rt}$ を e を用いた指数関数で書き直した後，個々の鏡像から到来する反射音を合計 (積分) すれば，時間とともに減衰して行く残響音のエネルギー密度を

$$\overline{E}_R(t) \cong \frac{4P_0}{-\ln(1-\alpha)Sc}e^{\ln(1-\alpha)\frac{cst}{4V}} \cong \frac{4P_0}{c\alpha S}e^{-\alpha\frac{cst}{4V}} \quad \text{[J/m}^3\text{]} \tag{9.26}$$

と表すことができる。式 (9.26) の $\ln(1-\alpha)$ は $(1-\alpha)$ の e を底とする対数 (自然対数) を意味するものである。すなわち $\ln(1-\alpha) \cong -\alpha$ によって，式 (9.26) は 9.1.3 項で述べた残響状態におけるエネルギー減衰と同一の関係式となる。個々の鏡像から到来する反射音のインテンシティーは鏡像位置までの距離 $(ct)^2$ に反比例して減少する。しかしこの減少を補うように鏡像の密度が $(ct)^2$ に比例して増大するところに注目しなければならない。この結果われわれは音が消えた後に残る残響音の滑らかな減衰を聴くことができる。

すでに 9.2.4 項に述べた固有振動の分類と同様に図 **9.9** の模式図に見るよう

*176*    9. 室内を伝わる音

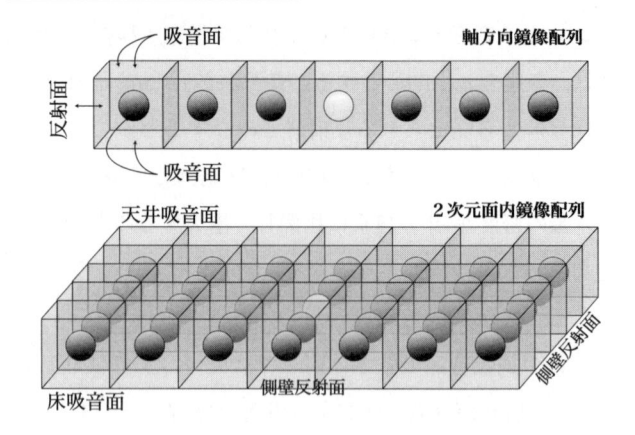

**図 9.9** 軸方向ならびに面上鏡像配置

に，面平行波動に対応する2次元配列を形成する鏡像群ならびに軸平行波動に対応する1次元配列となる鏡像群が存在する[69]。2次元配列の鏡像の密度は $ct$ に比例して増大し，1次元配列鏡像の密度は $ct$ によらず一定となる。これは1次元あるいは2次元配列された鏡像群では，鏡像から到来するインテンシティーの距離による減衰を補うに足る鏡像の密度を期待することができないことを意味している。1次元あるいは2次元配置鏡像では，音波が壁面に衝突する回数も3次元鏡像配置と比べるとそれぞれ異なるものとなる。

 2次元的あるいは1次元的な鏡像配置が主となる音場における残響音のエネルギー減衰では**図 9.10** に示すとおり，滑らかに続く残響減衰に代わって，鋭く急峻な初期減衰に続く緩やかな残響音が見られることとなる[70]。このような急峻に減衰するエネルギー変化に続いて長い残響が継続する音場では，音の響きにもかかわらず残響音に妨害されることなく明瞭な音声を伝達しやすい利点もある[21]。また2次元残響音場はトンネル内の残響音にも適用することができる[69]。トンネルは入口と出口が開放された大きな断面積を有する音響管のような形状としてとらえることができる。しかしトンネル内に響く残響音は主として2次元断面を形成する壁面にて反射を繰り返し，長い残響音の継続時間が観

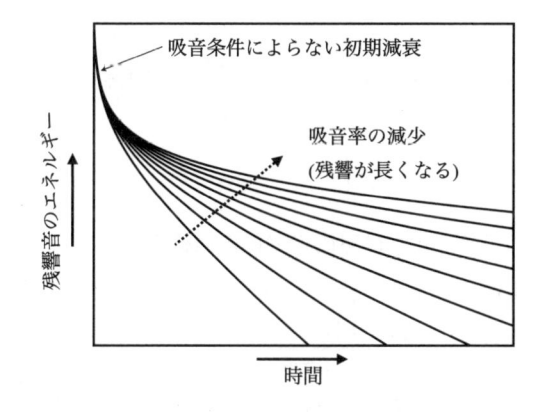

図 **9.10** 面上鏡像配置による残響減衰

測される。

　ここで論じた鏡像音源の密度と鏡像音源から放射される音のエネルギーに関する考察は，天体に分布する星の密度に関する研究にも通じるものである。上述した 3 次元残響音場の鏡像を星に置き直せば，星の光の減衰と光が到来する星の密度上昇が相殺することによってどの距離から来る光の強さも一定となる。その結果無限のかなたにある星から来る光まですべて集めると光の強さが限りなく強くなることから，夜空が昼間のように明るく光輝くことになるであろう。これはオルバースのパラドックスとして知られるものである。天体宇宙論に興味のある読者は例えば文献 71) を参照されたい。

### 9.4.3　直接音が室内における音のエネルギーに占める割合

　室内音場において人間が知覚する音の響きの相違は，残響時間と室容積の比率によっている。この比は受音点における音響エネルギー密度に占める直接音の割合に関わるものである。音源の音響出力を $P_0$ 〔W〕，音源と受音点との距離を $r$ 〔m〕として，式 (8.12) から導かれる音響エネルギー密度 $\overline{E}$ と音源から受音点に到来する直接音による音響エネルギー密度 $\overline{E}_D$ 〔J/m$^3$〕とすれば，直接音による音響エネルギー密度は音源の音響出力に比例して上昇し，音源からの

距離の自乗に反比例して減少する。一方，前項式 (9.26) より定常状態における室内の音響エネルギー密度 $\overline{E}_R$ は，音源と受音点の距離には無関係に音源の音響出力に比例し，壁面の吸音率 $\alpha$ に反比例して

$$\overline{E}_R \cong \frac{4P_0}{c\alpha S} \quad [\mathrm{J/m^3}] \tag{9.27}$$

と表される。ここで $S\,[\mathrm{m^2}]$ は室内の壁面の面積を表している。そこで直接音のエネルギーが上記のエネルギーに占める割合 $K$ を求めれば

$$K = \frac{\overline{E}_D}{\overline{E}_R} = \frac{\alpha S}{16\pi r^2} \cong \frac{0.161 \cdot V/T_R}{16\pi r^2} \tag{9.28}$$

となって，この比は音源からの距離の自乗に反比例して減少し，室内の容積と残響時間の比に比例して上昇する。

上式 (9.28) の $K$ が 1 となる音源と受音点の距離を**音場の臨界距離**ともいう。この臨界距離の内側では音場は室内条件にかかわらず，おおむね直接音に支配されている。その結果音源が球面波を放射しているとすれば，臨界距離以内ではおおむね球面波の特徴が観測される[14),21),72)]。

室内に伝わる音声が残響音に埋もれて不明瞭となるとき，われわれは知らず知らずに音源に近づいていく。この経験は上記の関係に符合する。すなわち音源に近づくことによって直接音の強さが残響音に比べて相対的に上昇することになる。反対に楽器が奏でる音に加えて室内ホールの響きを含んで音楽を聴きたいとき，われわれは自ずとステージから遠ざかる。これは式 (9.28) において音源からの距離が増大した結果，直接音の強さが残響音に埋もれて弱められることによっている。このように上記の比 $K$ は室内音場における音質を決定する重要な要因の一つである。

### 9.4.4 反射音の図解と音のカオス

音は固い壁に衝突すると反射音を作り出す。このことから室内の音の伝搬は音波が壁面に衝突して反射音を作り出す過程と考えることもできる。反射音は幾何学的な法則に従って作られると考えると，壁面に衝突して反射を繰り返すことで室内を伝わる音波をあたかも光線の軌跡のように作図によって図示する

## 9.4 室内音場の直接音と反射音

こともできる。このような音波の進行を直線としてとらえて音の伝搬を作図する方法を**音線法**という。

平面内を伝搬する 1 本の音線の軌跡を考えよう[21),73)]。図 **9.11** ならびに図 **9.12** は，それぞれ長方形，円，楕円形内の音線伝搬図である。長方形内では反射を繰り返すうちに音線は長方形内を埋め尽くしていく。しかし円形内でははじめに円の中心を通らなければ，反射を繰り返しても円の中心を通ることはない。反対にはじめに円の中心を通る音線は，反射を繰り返しても常に同一の軌跡に留まることとなる。

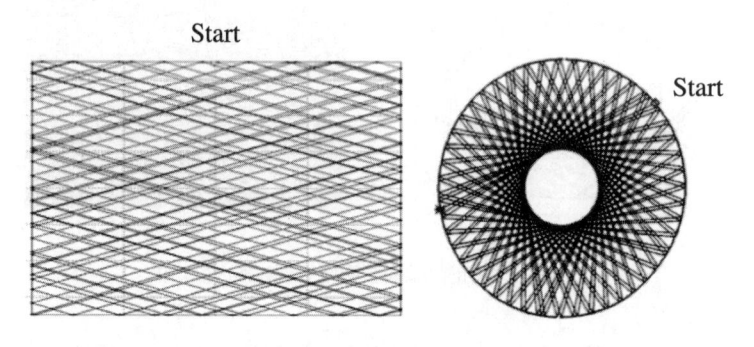

図 **9.11** 長方形・円形内の音線伝搬図 (文献 21) 図 5.11，文献 73) 図 3)

図に見るとおり楕円内を伝わる音線の軌跡もまた興味深い[1)]。図中 $F_1$ あるいは $F_2$ と示される焦点のいずれかを通るあらゆる音線は他方の焦点を通過する。そして反射回数が増えるにつれて音線は二つの焦点 $F_1$ と $F_2$ を結ぶ直線に限りなく近づくことになる。一方はじめに音線が焦点を通らないときには図に見るとおり二つの場合がある。音線が焦点の間を通るときには音線はすべて焦点の間を通り，その結果音線の軌跡は焦点に対して双曲線を形成する。反対に初めに音線が焦点の間を通らないときには，音線は焦点の間を通ることなくすべて楕円に接するように軌跡を描く。

上記の楕円にそって音線が描く軌跡は「ささやきの回廊」とも呼ばれる音の伝搬現象を説明するモデルである。図中写真[21),74)]はレーザポインタを利用した楕円内を伝わる光線の例である。楕円の表面に沿って伝わる「ささやきの回廊」

## 9. 室内を伝わる音

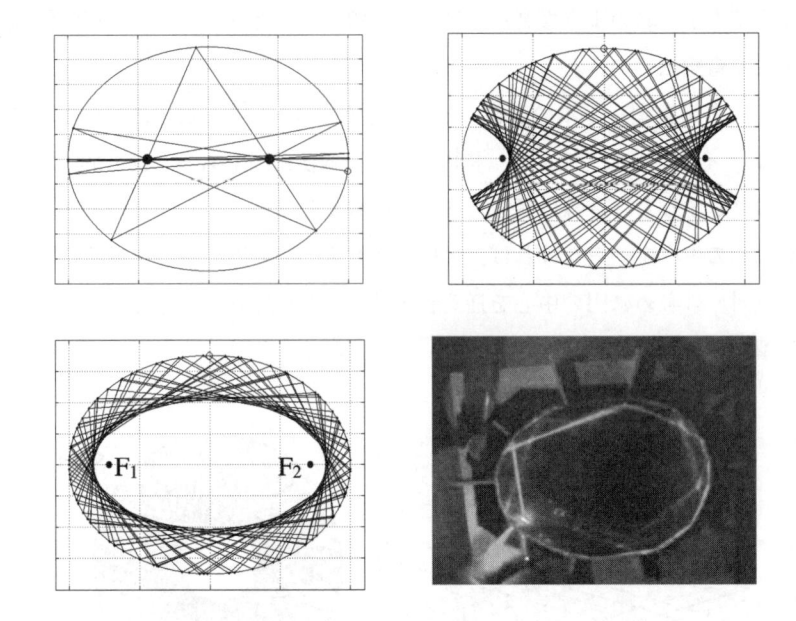

図 **9.12** 楕円内の音線伝搬図 (文献 21) 図 5.12)

現象を目に浮かべることができるであろう。前章図 8.11 からも推量されるとおり音を光線にたとえる音線法は振動数が高い音の伝搬を表現できる方法である。振動数が低い音の領域では固有振動数の密度が低いことから一つ一つの共鳴現象が際立つことによって，上記のように音の伝搬を音の流れのように図解することは困難である。人間のささやき声はどちらかといえば高い音の成分を多く含むものである。回廊の中央部では聞こえなかった人のささやきが，図の軌跡に見るとおり人から離れた壁面付近では聴き取れたことからいつしか「ささやきの回廊」という詩的な呼び名がついたのかと思われる。

図 **9.13** は長方形と半円を組み合わせたスタジアム形と呼ばれる形状内の音線軌跡の例である[21),73)]。長方形，円，楕円と比べると音線の軌跡が不規則に見えることが読み取れるであろう。このような不規則な音線軌跡が作られる過程はカオス的過程と呼ばれている。音線を追跡して音の伝搬を考察することは，

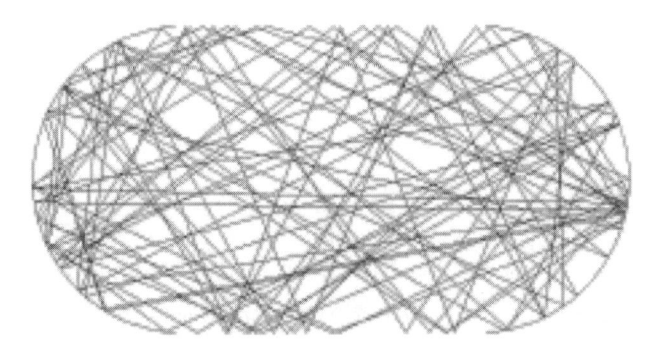

図 9.13 スタジアム内の音線伝搬図
(文献 21) 図 5.13, 文献 73) 図 4)

光にたとえれば光の粒子的性質に着目することである。すでに述べたように音も光と同様に回折・干渉現象が存在し，粒子的な性質と波の性質の両者を併せもっている。

上図のような音の波動的性質ではなく粒子的性質に潜んでいるカオス的性質の解明は，現在なお研究課題である[75]。

# 付　　　　録

あるエネルギー測定量 $E$ をあらかじめ定められた基準となるエネルギー $E_0$ に対する比で表すこととしてみよう。この比率の常用対数 (10 を底とする対数関数) の 10 倍

$$I = 10 \log_{10} \frac{E}{E_0} \qquad [\text{dB}] \tag{付.1}$$

をデシベル〔dB〕という。ここで dB はデシベルと読む。上記の 10 倍を除いた $\log_{10} \frac{E}{E_0}$ はベルと呼ぶ。このことから 10 倍された量はデシベルと呼ばれるのである。

　室内音場を特徴づける要因に残響時間がある。残響時間は例えばオーケストラが鳴り終わっても持続するコンサートホールの響きのように，音を出している音源が鳴りやんでもなお室内に残る残響音の継続時間を表すものである。この残響時間はまさにデシベルを用いて定義される。すなわち音が鳴りやむ直前に得られていた室内の音のエネルギーを基準の $E_0$ として，時間とともに減衰していくエネルギー $E(t)$ が $E_0$ に対して 60 dB 減衰するまでの時間が**残響時間**である。

　この 60 dB 減衰するというのが基準の何分の 1 になることを意味しているかを計算してみよう。残響時間を $T_R$ 〔s〕とすれば

$$10 \log_{10} \frac{E(T_R)}{E_0} = -60 \qquad [\text{dB}] \tag{付.2}$$

と書き表すことができる。この関係は対数計算に従って

$$\frac{E(T_R)}{E_0} = 10^{-6} \tag{付.3}$$

と書き直すことができる。この結果残響時間は，音のエネルギーが基準とするはじめのエネルギーからその百万分の 1 に減衰するまでにかかる時間を表すものであることがわかる。

　この例からも読み取れるようにデシベルあるいは対数計算は，桁数を要する非常に大きな値 (あるいは小さな値) を，少ない桁の数字で表すことができる便利なものであ

る。対数あるいはデシベルを用いることによって数字の表現が楽になることが，デシベルに慣れるにつれて実感できるであろう。

　音響・振動を対象とする測定では，それぞれの被測定対象に基準値が定められている。したがってデシベルで表された測定量から絶対値を知ることができる。デシベルで表された測定量は，例えば音響パワーレベルというように，レベルという言葉を用いて表現する。

# 引用・参考文献

1) R.Courant and H.Robbins：What is mathematics?, Second Edition: an Elementary Approach to Ideas and Methods(1969) [邦訳 森口繁一 監訳：数学とは何か [原書第 2 版] ，岩波書店 (2001)]
2) 早坂寿雄：音の歴史，電子情報通信学会 (1989)
3) 森毅：現代の古典解析，筑摩文庫 (2006)
4) 戸田盛和：力学 (物理入門コース 1) ，岩波書店 (1982)
5) S. ラング (松坂和夫，片山孝次 訳)： 解析入門，岩波書店 (1990)
6) ガリレオ・ガリレイ (今野武雄，日田節次訳)：新科学対話（上），岩波文庫 33-906-3，岩波書店 (1995)
7) 和達三樹：現代の物理学 非線形波動，岩波書店 (1992)
8) 早坂寿雄：楽器の科学，電子情報通信学会 (1992)
9) 伊藤毅：音響工学原論 上，コロナ社 (1967)
10) J.W.Strutt, B.Rayleigh：The Theory of Sound, Dover Publications Inc. (1945)
11) 早坂寿雄：音響工学入門 日刊工業新聞社 (1978)
12) C.Taylor：Exploring Music, IOP Publishing Ltd. (1992)[邦訳 佐竹 淳，林 大：音の不思議をさぐる，大月書店 (1999)]
13) T.D.Rossing and N.H. Fletcher：Principles of Vibration and Sound, Springer-Verlag (1995)
14) P.M. Morse：Vibration and Sound, McGraw-Hill(1948)
15) 藤村 靖：音声科学言論，岩波書店 (2007)
16) K.N. Stevens：Acoustic Phonetics, The MIT Press(2000)
17) 平田能睦，川井孝雄：冷却水ポンプの防振処理，日本音響学会建築音響研究会資料，AA 78-20(1978)
18) M.P.Norton：Fundamentals of Noise and Vibration Analysis for Engineers, Cambridge University Press (1996)
19) 平田能睦：音の聴こえるしくみ，音とオーディオの科学第 3 回 MJ 無線と実験，pp.126-132 (2006)

20) 早坂寿雄：電気音響学，岩波書店 (1979)
21) 東山三樹夫：信号解析と音響学，シュプリンガージャパン (2007)
22) 戸田盛和：熱統計力学 (物理入門コース 7)，岩波書店 (1987)
23) マックス・ボルン（鈴木良二，金関義則 訳）：現代物理学，みすず書房 (2003)
24) Bruce Frey(鴨澤眞夫 監訳，西沢直木 訳)：Statistics Hacks -統計の基本と世界を測るテクニック，オライリージャパン（2007）
25) 恒藤敏彦：弾性体と流体 (物理入門コース 8)，岩波書店 (1987)
26) L.Hannah：A Brief Histroy of the Speed of Sound, Acoustics Bulletin, 32(4), pp.28-31 (2007)
27) M. Mersenne：De l'utilité de l'harmonie, part de l'harmonie universelle. Cramoisy, Paris 1636. (English translation in Hawkins, J, General history of the science and practice of music (Vol.3). Novello, London 177; supplementary volume 1852, 6th edition 1875)
28) M. E. Delany：Sound Propagation in the Atmosphere：A Historical Review. Acustica 38 pp.201-223 (1977)
29) C. F. Cassini：Sur la propagation du son. Mém. De l'Acad . Paris, 128(1738)
30) C.M. Harris：Effects of humidity on the velocity of sound in air, J. Acoust. Soc. Am. 49, p.890(1971)
31) P.S. Laplace：Sur la vitesse du son. Ann. Chim. Phys.3 , p.238(1816)
32) G.G. Stokes：An examination of the possible effect of the radiation of heat on the propagation of sound. Phil. Mag. (4) I p.305 (1851)
33) A.Wood：Physics of Music[邦訳　石井信生訳：音楽の物理学, 音楽の友社 (1989)]
34) 平田能睦：音の反射と吸収のしくみ 音とオーディオの科学 第 2 回 MJ 無線と実験, pp.187-191 (2006)
35) R. P. Feynman, R. B. Leighton, and M. L. Sands：The Feynman Lectures on Physics II[邦訳 富山小太郎：ファインマン物理学 II(光，熱，波動) , 岩波書店 (1965)]
36) コシリヤコフ，グリニエル，スミルノフ：物理・工学における偏微分方程式，岩波書店 (1976)
37) 榊原　進：はやわかり Mathematica 第 2 版，共立出版 (2000)
38) 近角聡信：続日常の物理事典，東京堂出版 (2000)
39) 近角聡信：日常の物理事典，東京堂出版 (1994)
40) T.Levenson：Measure for Measure, A Musical Hiastory of Science, A Touchstone Book, Simon and Schuster (1994)

41) 平島達司：ゼロ・ビートの再発見 平均律への疑問と古典調律をめぐって，ショパン (2004)
42) サイエンス編集部編：楽器の科学（ライトサイエンス・ブックス），pp.49-63，日経サイエンス社 (1987)
43) E. Eisner：Complete Solutions of the "Webster" Horn Equation, J. Acoust. Soc. Am., 41(4), pp.1126-1146 (1967)
44) 早坂寿雄,：技術者のための音響工学, 丸善 (1986)
45) ヘクト (尾崎義治・朝倉俊光，訳)：ヘクト光学 I, II, III, 丸善 (2007)
46) 土屋あきら：オーディオエンサイクロペディア，音楽の友社 (1975)
47) 山崎芳男，金田 豊：音・音場のディジタル処理，コロナ社 (2002)
48) T. Houtgast, H.J.M. Steeneken, and R. Plomp：Predicting Speech Intelligibility in Rooms from Modulation Transfer Function, I. General Room Acoustics, Acustica 46 pp.60-72 (1980)
49) K.J. Ebeling：Properties of Random Wave Fields, Physical Acoustics, XVII, pp.233-310, Academic Press(1984)
50) M.R. Schroeder：Statistical Parameters of the Frequency Response Curves in Large Rooms, J. Audio Eng. Soc., 35(5), pp.299-306(1987)
51) 山本義隆：磁力と重力の発見 3(近代の始まり)，みすず書房 (2003)
52) R.Kargon：William Petty's Mechanical Philosophy, ISIS 56, pp.63-66(1965)
53) 鈴木 明，東山三樹夫：残響音場における音源放射パワーのアクティブ制御,NTT研究実用化報告，38(8)，pp.931-938 (1989)
54) 平田能睦：音の伝わるしくみ 音とオーディオの科学，第 1 回 MJ 無線と実験，pp.132-137 (2006)
55) 俣野 博，神保 道夫：熱・波動と微分方程式, 岩波書店 (2007)
56) J.Blauert and N.Xiang：Acoustics for Engineers, Springer(2008)
57) イェンス・ブラウエルト，森本正之，後藤敏幸 編著：空間音響, 鹿島出版会 (1986)
58) 伊藤 毅：音響工学原論 下，コロナ社 (1967)
59) 東山三樹夫：残響音場伝達関数の統計的性質,NTT D & D,41(11),pp.1305-1312(1992)
60) 小国 力，小割健一：MATLAB 数式処理による数学基礎，朝倉書店 (2005)
61) M. R. Schroeder：Number Theory in Science and Communication, 3rd Edition, Springer (1985)
62) International Standard No. 3741, 3742 Determination of Sound Power Levels of Noise Sources

3741 : Precision Methods for Broad-band Sources in Reverberation Rooms
3742 : Precision Methods for Discrete-frequency and Narrow-band Sources in Reverberation Rooms
63) M.R.Schroeder : Fractals, Chaos, Power Laws, W.H.Freeman and Company(1991)
64) 東山三樹夫, 鈴木 明, 吉川昭吉郎：直方体残響室における2点間音圧相関係数, 日本音響学会誌 33(11), pp.620-625(1977)
65) M.Tohyama,A.Imai and H.Tachibana：The Relative Variance in Sound Power Measurements using Reverleration Rooms, J.Sound and Vib.,128(1), pp.57-69(1989)
66) R.H. Lyon : Progressive Phase Trends in Multi-Degree-of-Freedom Systems, J. Acoust. Soc. Am. 73(4), pp.1223-1228 (1983)
67) R.H. Lyon : Range and Frequency Dependence of Transfer Function Phase, J. Acoust. Soc. Am. 76(5), pp.1435-1437 (1984)
68) M. Tohyama, R.H. Lyon, and T. Koike : Reverberant Phase in a Room and Zeros in the Complex Frequency Plane. J. Acoust. Soc. Am. 89(4) pp.1701-1707 (1991)
69) 平田能睦：矩形室音場の音像法による解析, 日本音響学会誌, 33(9), pp.480-485 (1979)
70) T. Houtgast：2次元音場の残響減衰, 私信 (1988)
71) 佐藤文隆：現代の宇宙像, 講談社学術文庫 (1997)
72) 高橋義典, 東山三樹夫, 山崎芳男：残響音場における位相周波数特性と直接音領域, 電子情報通信学会論文誌, J89-A(4), pp.291-297 (2006)
73) 東山三樹夫, 藤坂洋一：室内音場とカオス, 日本音響学会誌, 53(2), pp.154-159 (1997)
74) 高橋義典：楕円内音線伝搬解析, 私信 (2006)
75) 藤坂洋一, 東山三樹夫：高次曲線次数を有する境界条件下における音場の固有周波数分布と音線軌道のカオス性, 電子情報通信学会誌, J86-A(12), pp.1435-1441 (2003)

## 結び：共鳴現象をめぐって

　本書では振動・波の共鳴現象を中心に音の物理の基本的な事柄を図解してきた。しかし波動現象を図例によって定性的に記述することは，著者の力の及ぶところではなかったかとも思われる。是非読者には現在抱かれた疑問を大切にして，さらに進んで学習されることをお願いするものである。

　上記のとおり本書では共鳴現象を基礎として，初めに単振動を例とする共鳴現象の性質を考察した。以下に続く各章はいずれも共鳴現象の組み合わせあるいはその変形とみることもできる。したがって本書は共鳴現象を主題とする変奏曲のようなものである。まえがきでも述べたとおりそれぞれの変奏の着想には多くの参考文献を参照させていただいた。読者のみなさまには巻末に示した文献の中にあるいくつかの書物については是非ご一読をお願いする所存である。

　楽器は振動とその共鳴現象を利用するものであることは理解されたかと思われる。しかしわれわれが日常的に利用するマイクロホンやスピーカなどの音響機器を共鳴現象として実感することは，きわめてまれなことであろう。それはマイクロホンやスピーカのような音響機器では，楽器とは反対に共鳴現象をできる限り目立たぬように設計することが行われてきたことによっている。音響機器に限らず室内さらにはコンサートホールなどでも，われわれが日頃はその共鳴現象に気づくことがないように，室内を伝わる波動に関わる共鳴効果は隠れた存在とされている。音源の音響出力が音の振動数によって大きな変動を伴わないように，室内を適切に吸音することに本文中で言及したのもその例である。

　共鳴は減衰する自由振動が無限に長く継続することに基づく概念である。すなわち本文中に述べた指数関数的に減衰する自由振動は，振動の大きさが限りなく小さくなってもなお振動は持続すると考えられているといえよう。言い換

えれば共鳴現象が観察される振動体の響きは長く，反対に共鳴を実感できない振動体の響きは短い。共鳴に基づく減衰自由振動の解釈は，共鳴を観察しにくい短い響きに対しても小さい振動は持続していることを仮定するものである。

短い響きをもつ振動を有限な時間範囲で継続する自由振動と解釈すると，振動を表す基本主題はもはや共鳴現象ではないともいえるであろう。観測時間が有限で限られた範囲内におけるデータのみが観察されるという考え方は，今日の有限で離散的データの取扱いにふさわしいものである。狭い室内の短い響き，共鳴現象が目立たない音響機器など，音響振動を解釈する新たな音響学の主題と変奏の道もあるかと著者は考える今日このごろである。また本書においてカオスに至る道すじとして言及した音の粒子的ふるまいと波動的特徴の対比も新たな変奏の一つであるかとも思われる。

しかし本書の著作が一段落した今はしばらく，バッハのゴールドベルク変奏曲を鑑賞する日々としよう。

# 索　　　引

## 〔あ〕
圧縮波　　　　　　　　　　　91

## 〔い〕
位相差　　　　　　　　　　104
位相反転形スピーカシステム
　　　　　　　　　　　　　122
位置エネルギー　　　　　　　18
1モルの気体　　　　　　　　40
インパルス音　　　　　　　172

## 〔う〕
うなり　　　　　　　　30, 122
運動エネルギー　　　　　　　19

## 〔え〕
エッジトーン　　　　　　　　99
エネルギーの保存則　　　　　18
エネルギー平衡の原理　　　　26

## 〔お〕
往復運動　　　　　　　　　　14
オクターブ　　　　　　　　　87
音の屈折　　　　　　　　　113
音の速さ　　　　　　　　　　54
音　圧　　　　　　　　　　　34
　——の腹　　　　　　　　　96
　——の節　　　　　　　　　96
音圧透過係数　　　　　　　111
音圧反射係数　　　　　　　111
音響エネルギー密度　　65, 138
音響管　　　　　　　　　　　91
音響ホーン　　　　　　　　106

音　源　　　　　　　　66, 132
　——の音響出力　　　　　139
　——の強さ　　　　　　　132
音場（おんじょう）　　　　156
　——の臨界距離　　　　　178
音　線　　　　　　　　　　153
音線法　　　　　　　　　　179
音　波　　　　　　　　　　　14
　——の平均自由行程　　　159

## 〔か〕
開口端補正　　　　　　　　106
回　折　　　　　　　　　　149
開端音響管の固有振動数　　　93
ガウスのレンズ公式　　　　152
角振動数　　　　　　　　　　15
仮想音源　　　　　　　　　109
加速度　　　　　　　　　　　18
固い壁面で囲まれた直方体
　室内音場の固有振動姿態
　　　　　　　　　　　　　164
可聴振動数範囲　　　　　　　87
干　渉　　　　　　　　　　117
干渉縞　　　　　　　　　　121
慣性力　　　　　　　　21, 22
完全協和音　　　　　　　　　78
完全反射面　　　　　　　　104

## 〔き〕
基　音　　　　　　　　　　　82
気体定数　　　　　　　　　　40
基本周波数　　　　　　　　　82
基本振動数　　　　　　82, 87
逆（位）相　　　　　　　　　23

球面波　　　　　　69, 105, 131
　——の音響エネルギー密度
　　　　　　　　　　　　　138
境界条件　　　　　76, 91, 111
凝　縮　　　　　　　　　　　34
共　振　　　　　　　　　　　24
鏡像音源　　　　　　　142, 173
鏡像の原理　　　　　　　　　80
共　鳴　　　　　　　　24, 25
共鳴器　　　　　　　　33, 35
　——の固有角振動数　　　　35
共鳴振動数　　　　　　　　　25
共鳴特性　　　　　　　　　169

## 〔く〕
屈折の法則　　　　　　　　114

## 〔け〕
減衰係数　　　　　　　　　　21
減衰自由振動　　　　　　　　20
弦の固有周波数　　　　　　　83
弦の固有振動数　　　　　　　83

## 〔こ〕
呼吸球　　　　　　　　　　132
固有角振動数　　　　　　　　20
固有振動　　　　　　　20, 85
　——の縮退　　　　　　　162
　——の密度　　　　　　　166
固有振動姿態　　　　　　　　85

## 〔さ〕
最小可聴音圧　　　　　64, 154
最小可聴音場　　　　　　　155
最小作用の原理　　　　　　110

| | |
|---|---|
| 三角関数 | 15, 17 |
| 三角比 | 16 |
| 残響過程 | 158 |
| 残響時間 | 159, 182 |
| 散乱 | 154 |

〔し〕

| | |
|---|---|
| 軸平行波動 | 164 |
| 仕事率 | 26 |
| 仕事量 | 18 |
| 自乗平均値 | 40 |
| 指数関数 | 20 |
| 実効値 | 40 |
| 室内音場 | 156 |
| 質量慣性効果 | 24 |
| 斜波動 | 164 |
| 周期 | 14 |
| 周期関数 | 17 |
| 周期振動 | 14, 16 |
| 自由境界面 | 104 |
| 自由振動 | 16, 81 |
| ——の角振動数 | 19 |
| 衝撃波による衝撃音 | 70 |
| 初期位相角 | 17 |
| 振動数 | 14 |
| 振動速度の腹 | 96 |
| 振動速度の節 | 96 |
| 振動の位相スペクトル | 86 |
| 振動のパワースペクトル | 86 |
| 振動変位 | 18 |

〔す〕

| | |
|---|---|
| 垂直入射 | 112 |
| スネルの法則 | 115 |

〔せ〕

| | |
|---|---|
| 正弦振動 | 16 |
| ——の瞬時位相角 | 17 |
| ——の振幅 | 17 |
| 絶対協和音 | 78 |
| 線密度 | 57 |

〔そ〕

| | |
|---|---|
| 速度 | 18 |
| 速度駆動音源 | 66 |
| 疎密波(縦波) | 52 |

〔た〕

| | |
|---|---|
| 対称球面波 | 132 |
| 体積加速度 | 134 |
| 体積速度 | 54, 132 |
| 体積弾性率 | 34 |
| 縦波 | 64 |
| ダランベールの解 | 47 |
| 単位時間当りの仕事量 | 26 |
| 単振動 | 20 |
| 弾性体 | 15 |
| 断熱変化 | 42 |

〔ち〕

| | |
|---|---|
| 調和振動 | 160 |
| 直接音 | 126 |
| 直交分解 | 105 |

〔て〕

| | |
|---|---|
| 定圧比熱 | 41 |
| 定在波 | 76, 85 |
| 定在波(固有振動姿態) | 119 |
| 定常状態 | 26, 157 |
| 定積比熱 | 41 |
| 点音源 | 131, 132 |

〔と〕

| | |
|---|---|
| 等位相面 | 109 |
| 等温変化 | 39 |
| 導関数 | 18 |
| 同(位)相 | 23 |
| ドップラ効果 | 70 |

〔な〕

| | |
|---|---|
| ナイフエッジ | 99 |
| 波定数 | 60 |
| 波の干渉 | 117 |

〔に〕

| | |
|---|---|
| 2次波 | 109 |
| ニュートンの運動方程式 | 19 |

〔ね〕

| | |
|---|---|
| 熱容量 | 41 |

〔は〕

| | |
|---|---|
| ハウリング | 98 |
| バスレフ形スピーカシステム | 122 |
| 波長 | 60 |
| 波動方程式 | 49, 51 |
| ばね定数 | 15 |
| 腹 | 85 |
| 反射係数 | 110 |
| 反射の法則 | 109 |
| 反射波 | 76 |

〔ひ〕

| | |
|---|---|
| 非圧縮性効果 | 136 |
| 比熱 | 41 |
| 比熱比 | 42 |
| 標準状態 | 40 |

〔ふ〕

| | |
|---|---|
| フェルマーの原理 | 110 |
| 付加質量 | 39 |
| 復元力 | 15, 21, 22 |
| 節 | 85 |
| フックの法則 | 15 |
| 振り子の自由振動 | 27 |
| 振り子の自由振動角振動数 | 27 |
| フレネルゾーン | 150 |
| 分子量 | 40 |

〔へ〕

| | |
|---|---|
| 閉管の基本周期 | 93 |
| 閉管の基本振動数 | 93 |
| 閉管の固有振動数 | 93 |
| 閉管の倍音の振動数 | 93 |

| | | |
|---|---|---|
| 平均自乗音圧 126 | ポテンシャルエネルギー 18 | 〔り〕 |
| 平面波 58 | ホルマント 103 | 流体の非圧縮性 136 |
| ――の音響エネルギー流 | 〔ま〕 | 両端固定弦の固有角振動数 |
| 密度 66 | 摩擦係数 20 | 84 |
| ヘルムホルツの共鳴器 33 | 摩擦力 20, 22 | 臨界角 114 |
| 〔ほ〕 | 〔め〕 | 〔れ〕 |
| ホイヘンスの原理 109 | 面平行波動 164 | 連成振動 26 |
| ボイル・シャルルの法則 40 | 〔よ〕 | |
| ボイルの法則 33, 39 | 横波 57 | |
| 膨張 34 | | |
| 膨張波 92 | | |

〔N〕 〔R〕

$n$ 倍音　82　　RMS　40

―― 著者略歴 ――

**東山　三樹夫**（とうやま　みきお）
1970 年　早稲田大学理工学部電気通信学科卒業
1975 年　早稲田大学大学院理工学研究科博士課程修了
　　　　（電気工学専攻）
　　　　工学博士
1975 年　日本電信電話公社勤務
1993 年　工学院大学教授
2003 年　早稲田大学客員教授
〜11 年
2012 年　Wave Science Study 代表
　　　　現在に至る


音　の　物　理
Physics of Sound　　　　　　　Ⓒ一般社団法人 日本音響学会　2010

2010 年 3 月15日　初版第 1 刷発行
2015 年12月25日　初版第 2 刷発行

検印省略

編　者　一般社団法人
　　　　日 本 音 響 学 会
　　　　東京都千代田区外神田2-18-20
　　　　ナカウラ第 5 ビル 2 階
発 行 者　株式会社　コロナ社
　　　　代 表 者　牛来真也
印 刷 所　三美印刷株式会社

112-0011　東京都文京区千石 4-46-10
発行所　株式会社　コロナ社
CORONA PUBLISHING CO., LTD.
Tokyo Japan
振替 00140-8-14844・電話(03)3941-3131(代)
ホームページ http://www.coronasha.co.jp

ISBN 978-4-339-01302-3　（新宅）　（製本：グリーン）
Printed in Japan

本書のコピー，スキャン，デジタル化等の無断複製・転載は著作権法上での例外を除き禁じられております。購入者以外の第三者による本書の電子データ化及び電子書籍化は，いかなる場合も認めておりません。

落丁・乱丁本はお取替えいたします

## 音響入門シリーズ

(各巻A5判, CD-ROM付)

■日本音響学会編

| 配本順 | | | 著者 | 頁 | 本体 |
|---|---|---|---|---|---|
| A-1 | (4回) | 音響学入門 | 鈴木・赤木・伊藤・佐藤・苣木・中村 共著 | 256 | 3200円 |
| A-2 | (3回) | 音の物理 | 東山三樹夫著 | 208 | 2800円 |
| A-3 | (6回) | 音と人間 | 平原・宮坂・蘆原・小澤 共著 | 270 | 3500円 |
| A | | 音と生活 | 橘 秀樹 編著 | | |
| A | | 音声・音楽とコンピュータ | 誉田・足立・小林・小坂・後藤 共著 | | |
| A | | 楽器の音 | 柳田益造 編著 | | |
| B-1 | (1回) | ディジタルフーリエ解析(Ⅰ) ―基礎編― | 城戸健一著 | 240 | 3400円 |
| B-2 | (2回) | ディジタルフーリエ解析(Ⅱ) ―上級編― | 城戸健一著 | 220 | 3200円 |
| B-3 | (5回) | 電気の回路と音の回路 | 大賀寿郎・梶川嘉延 共著 | 240 | 3400円 |
| B | | 音の測定と分析 | 矢野博夫・飯田一博 共著 | | |
| B | | 音の体験学習 | 三井田惇郎・須田宇宙 共著 | | |

(注:Aは音響学にかかわる分野・事象解説の内容、Bは音響学的な方法にかかわる内容です)

## 音響工学講座

(各巻A5判, 欠番は品切です)

■日本音響学会編

| 配本順 | | | 著者 | 頁 | 本体 |
|---|---|---|---|---|---|
| 1. | (7回) | 基礎音響工学 | 城戸健一 編著 | 300 | 4200円 |
| 3. | (6回) | 建築音響 | 永田 穂 編著 | 290 | 4000円 |
| 4. | (2回) | 騒音・振動(上) | 子安 勝 編 | 290 | 4400円 |
| 5. | (5回) | 騒音・振動(下) | 子安 勝 編 | 250 | 3800円 |
| 6. | (3回) | 聴覚と音響心理 | 境 久雄 編著 | 326 | 4600円 |
| 8. | (9回) | 超音波 | 中村僖良 編 | 218 | 3300円 |

定価は本体価格+税です。
定価は変更されることがありますのでご了承下さい。

図書目録進呈◆